土木建筑大类专业系列新形态教材

建设工程招投标与合同管理

（第二版）

胡六星　陆　婷▣主　编

肖　洋　陈　博▣副主编

U0286103

清华大学出版社

北京

内 容 简 介

本书以现行的工程招投标与合同管理等有关国家法律法规为依据,结合编者多年的工作经验和教学实践编写而成。全书分为 7 个单元,共 27 个模块,主要内容包括建设工程招投标入门,建设工程施工招标,建设工程施工投标,建设工程开标、评标与定标,建设工程合同法律基础,建设工程施工合同,建设工程合同索赔管理。通过对本书的学习,读者可以掌握建设工程招投标、合同管理与索赔的基本理论和操作技能。本书具有较强的针对性、实用性和可操作性。

本书可作为高职高专工程管理类、土建施工类等专业的教材,也可作为工程招投标人员、合同管理人员、工程技术人员的学习参考书。

图书在版编目(CIP)数据

建设工程招投标与合同管理/胡六星,陆婷主编. —2 版. —北京:清华大学出版社,2023.6(2024.7重印)
土木建筑大类专业系列新形态教材
ISBN 978-7-302-63329-7

Ⅰ. ①建… Ⅱ. ①胡… ②陆… Ⅲ. ①建筑工程—招标—高等职业教育—教材 ②建筑工程—投标—高等职业教育—教材 ③建筑工程—合同—管理—高等职业教育—教材 Ⅳ. ①TU723

中国国家版本馆 CIP 数据核字(2023)第 060509 号

责任编辑:杜 晓
封面设计:曹 来
责任校对:袁 芳
责任印制:刘 菲

出版发行:清华大学出版社
  网 址:https://www.tup.com.cn, https://www.wqxuetang.com
  地 址:北京清华大学学研大厦 A 座   邮 编:100084
  社 总 机:010-83470000   邮 购:010-62786544
  投稿与读者服务:010-62776969, c-service@tup.tsinghua.edu.cn
  质量反馈:010-62772015, zhiliang@tup.tsinghua.edu.cn
  课件下载:https://www.tup.com.cn,010-83470410
印 装 者:三河市君旺印务有限公司
经 销:全国新华书店
开 本:185mm×260mm   印 张:13.75   字 数:330 千字
版 次:2019 年 11 月第 1 版 2023 年 6 月第 2 版   印 次:2024 年 7 月第 2 次印刷
定 价:49.00 元

产品编号:101898-01

丛书编写指导委员会名单

顾　　问：杜国城

主　　任：胡兴福

副主任：胡六星

委　　员：（按姓氏拼音字母排列）

秘　　书：杜　晓

第二版前言

　　建设工程招投标与合同管理工作在建设工程领域的企业经营管理活动中起着举足轻重的作用。"建设工程招投标与合同管理"课程更是高职高专工程管理类、工程技术类、工程造价类等专业的核心课程。

　　本书以我国建设工程招投标领域现行法律法规、技术规范标准、制度文件等为依据进行编写，内容对接国家、地方土建类职业资格考试要求及技能抽查考核标准，突出"理论够用、案例驱动"的职业教育特点。本书依据高职工程管理类、土建施工类、房地产等专业人才培养的要求，遵循高等职业院校学生的认知规律，以专业知识和职业技能、自主学习能力及综合能力培养为课程目标编写，并将党的二十大精神全面融入理论课程和实践课堂。全书内容紧密结合职业资格证书中相关考核要求。全书以项目教学法为依托，顺应现代职业教育"基于工作过程""任务驱动型"等课程的开发要求，引入丰富案例，贴合实际，全面系统地论述建设工程招投标与合同管理的相关知识，以使学生掌握建设工程招投标与合同管理的相关概念、基本程序、工作内容，以及建设工程合同管理的基本原理和方法，使学生具备组织项目招投标，编制招标和投标文件，组织和参与项目开标、评标、定标，以及工程合同管理的能力。

　　本书在上一版的基础上做了以下修改。

　　(1) 根据依据 2021 年 1 月 1 日起施行的《中华人民共和国民法典》及最新的招投标法律法规，修改了部分章节内容；

　　(2) 修改了部分单元后的"思考与练习"，使各单元模块内容衔接更紧密；

　　(3) 增加了部分"司法解释"内容，增强了本书的实践指导性；

　　(4) 增加了相关法律、法规等数字化资源，读者可以扫码在线阅读学习，开阔视野。

　　本书编写具体分工如下：全书由胡六星、陆婷整理和统稿，陆婷编写了单元 1、单元 3，陈博编写了单元 2，胡六星、肖洋编写了单元 4、单元 6，廖玮琪编写了单元 5，符珏编写了单元 7。

　　本书在编写过程中引用了部分招标文件实例并进行了适当的修改,参考了大量相关著作的内容,在此对相关作者一并表示衷心的感谢!

　　由于编者水平有限,书中疏漏和不妥之处在所难免,恳请各位读者批评、指正。

编　者

2023 年 1 月

目　录

单元 *1* 建设工程招投标入门

教学目标

1. 了解工程招投标的发展历史、工程承发包业务的形成与发展进程。
2. 理解建筑市场的概念。
3. 掌握工程承发包方式、建筑市场的资质管理和招投标的基本知识。

教学要求

能力目标	知识要点	权重
能充分认识建筑市场,会辨别建筑市场的违法行为	建筑市场	20%
能结合项目实际选择合适的承包方式	承发包方式	20%
能进行建筑市场的资质管理	建筑资质	20%
能根据招投标的基本知识,辨别招投标中的违法行为	招投标基本原则	20%
能按照正确程序进行施工招标、电子招投标	招标程序	20%

模块 1.1 建 筑 市 场

【案例1-1】 ××市档案局档案馆建设项目,项目总投资9 884万元,项目总建筑面积为15 965m²,现准备进入建筑市场交易。

【问题】 什么是建筑市场?本案例中涉及的建筑市场的主体、客体有哪些?

1.1.1 建筑市场的概念

建筑市场是建设工程市场的简称,是进行建筑商品和相关要素交换的市场。建筑市场是固定资产投资转化为建筑产品的交易场所。

特别提示

建筑市场有狭义的市场和广义的市场之分。

狭义的市场一般指以建筑产品为交换内容的市场,如建筑安装、装饰装修等;广义的市场除了以建筑产品为交换内容外,还包括与工程建设有关的勘察设计、专业技术服务、金融产品、劳务、建筑材料、设备租赁等各种要素市场,以及工程建设生产和交易关系的总和。

1.1.2 建筑市场的主体和客体

建筑市场的主体是指参与建筑生产交易过程的各方,包括发包人、承包人、工程咨询服务机构等。建筑市场的客体则为有形建筑产品和无形建筑产品。建筑市场体系见图1-1。

1. 建筑市场的主体

1) 发包人

发包人在多数情况下是指项目业主或建设单位。项目业主是指既有某项工程建设需求,又具有该项工程的建设资金和各种准建手续,在建筑市场中发包工程项目建设的勘察、设计、施工任务,并最终得到建筑产品,达到其经营使用目

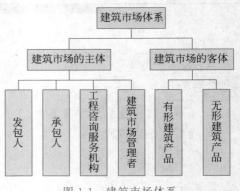

图 1-1 建筑市场体系

的的政府部门、企事业单位和个人。我国的工程项目大多是政府投资建设的,且大多属于政府部门。为了规范业主行为,建立了投资责任约束机制,即项目法人责任制,又称业主责任制,由项目业主对项目建设全过程负责。

项目业主在项目建设过程中的主要职能是:建设项目立项决策;建设项目的资金筹措与管理;办理建设项目的有关手续(如征地、建筑许可等);建设项目的招标与合同管理;建设项目的施工与质量安全管理;建设项目的竣工验收和试运行;建设项目的统计文档管理等。

2) 承包人

承包人是指拥有一定数量的建筑装备、流动资金、工程技术管理人员及一定数量的工人,取得建设行业相应资质证书和营业执照,能够按照发包人的要求提供不同形态的建筑产品,并最终得到相应工程价款的建筑施工企业。

承包商可按其所从事的专业分为土建、水电、道路、港口、铁路、市政工程等专业公司。按照生产的主要方式,承包人可分为勘察设计单位、建筑安装企业、混凝土构配件及非标准预制件等生产厂家、商品混凝土供应站、建筑机械租赁单位及专门提供建筑劳务的企业等。

3) 工程咨询服务机构

工程咨询服务机构是指具有一定注册资金,具有一定数量的工程技术、经济管理人员,取得建设咨询证书和营业执照,能为工程建设提供估算测量、管理咨询、建设监理等智力型服务并获取相应费用的中介服务组织。

工程咨询服务企业提供包括勘察设计、工程造价(测量)、招标代理、工程监理、工程管理等智力型服务。

工程咨询服务虽然不是工程承发包的当事人,但其受项目业主委托或聘用,与业主订有协议书或合同,因而对项目的实施负有相当重要的责任。

4) 建筑市场管理者

各级人民政府建设行政主管部门、工商行政管理机关等有关部门,按照各自的职权,对

从事各种房屋建筑、土木工程、设备安装、管线敷设等勘察设计、施工、建设监理，以及建筑构配件、非标准设备加工生产等发包和承包活动进行管理。

2. 建筑市场的客体

建筑市场的客体一般称作建筑产品，是建筑市场的交易对象，既包括有形建筑产品，如建筑物、构筑物，也包括无形建筑产品，如咨询、监理、招标代理等各类智力型服务。

特别提示

> 在不同的生产交易阶段，建筑产品表现为不同的形态：它可以是咨询公司提供的咨询报告、咨询意见或其他服务，也可以是勘察设计单位提供的设计方案、施工图纸、勘察报告，还可以是生产厂家提供的混凝土构件，当然也包括承包商生产的各类建筑物和构筑物。

1.1.3　公共资源交易平台

公共资源交易是指涉及公共利益、公众安全的具有公有性、公益性的资源交易活动。公共资源交易平台是指实施统一的制度和标准、具备开放共享的公共资源交易电子服务系统和规范透明的运行机制，为市场主体、社会公众、行政监督管理部门等提供公共资源交易综合服务的体系。依法必须招标的工程建设项目招标投标等应当纳入公共资源交易平台。

1. 公共资源交易平台的定位与作用

随着我国经济的快速发展，公用事业建设显著增多，国有资金投资在社会投资中占有主导地位。为规范国有资产的管理、纠正工程发包中的不正之风和腐败现象，建设工程交易中心、政府集中采购中心等交易场所应运而生。但由于各类公共资源交易平台仍处于发展初期，各地出现了交易市场重复建设、市场资源不共享等问题。国办发〔2015〕63号文《整合建立统一的公共资源交易平台工作方案》提出，要整合构筑全国统一的公共资源交易平台体系，由各省级政府合理布局本地区公共资源交易平台。

公共资源交易平台定位于公共服务职能，以电子化平台为发展方向，遵循开放透明、资源共享、高效便民、守法诚信的运行服务原则。

国务院发展改革部门会同国务院有关部门统筹指导和协调全国公共资源交易平台相关工作。设区的市级以上地方人民政府发展改革部门或政府指定的部门会同有关部门负责本行政区域的公共资源交易平台指导和协调等相关工作。各级招标投标、财政、国土资源、国有资产等行政监督管理部门按照规定的职责分工，负责公共资源交易活动的监督管理。

特别提示

> 公共资源交易中心提供服务应不以营利为目的。
> 国务院各部委联合发布的《公共资源交易平台管理暂行办法》第十九条规定：公共资源交易平台运行服务机构提供公共服务确需收费的，不得以营利为目的。根据平台运行服务机构的性质，其收费分别纳入行政事业性收费和经营服务性收费管理，具体收费项目和收费标准按照有关规定执行。属于行政事业性收费的，按照本级政府非税收入管理的有关规定执行。

2. 公共资源交易平台的功能

公共资源交易平台的成立整合规范了公共资源交易的流程,形成了统一、规范的业务操作流程和管理制度,实行八统一,即统一受理登记、统一信息发布、统一时间安排、统一专家中介抽取、统一发放中标通知、统一费用收取退付、统一交易资料保存、统一电子监察监控。公共资源交易平台具有以下四大功能。

1)信息汇聚的枢纽功能

依托国家电子政务外网和数据共享交换平台,公共资源交易平台实现了各级各类公共资源交易数据资源的汇聚共享,包括收集、存储和发布各类公共资源交易信息、交易主体信息、信用信息、专家信息以及监管信息。

2)便民高效的服务功能

公共资源交易平台立足公共服务的职能定位,实现交易公告统一发布、市场信息精准推送、专家资源共享共用。公共资源交易平台的服务内容、服务流程、工作规范、收费标准和监督渠道公开透明,确需在现场办理的,实行窗口集中审批和管理,简化流程。例如,建设行政主管部门的各职能机构也进驻公共资源交易中心,受理申报的内容一般包括工程报建、招标登记、承包商资质审查、合同登记、质量报监、施工许可证发放等。不仅如此,公共交易中心一般还设置了信息发布大厅、洽谈室、开标室、会议室及相关设施,能为市场主体提供高效、便捷、优质的服务。

3)协调监管的通道功能

公共资源交易平台打通项目全流程电子监管通道,为行政监督部门实现电子监管、远程监控和联合惩戒提供技术支撑。比如,公共资源交易电子监管系统,能实现对项目登记,公告发布,开标评标或评审、竞价,成交公示,交易结果确认,投诉举报,交易履约等交易全过程进行监控。公共资源交易平台的公共资源交易主体的信用信息也可以作为各级行政监督管理部门进行企业市场准入、项目审批、资质资格审核的重要依据,有利于行政监督管理部门、司法机关等部门联合惩戒,对在公共资源交易活动中有不良行为记录的市场主体,依法限制或禁止其参加招标投标等公共资源交易活动。

4)数据分析的支撑功能

公共资源交易平台汇聚跨地区、跨领域、跨时间段的海量数据,为国家宏观经济决策、行业管理及社会主体参与相关民商事活动提供大数据服务。

【案例1-2】 某地成立公共资源交易中心,出台规定向各招标人收取"入场费",即根据所使用的开标室、评标室规格不同,按每半天收取数百元甚至数千元不等的费用,使用电子竞标室则每次需缴费1 000元。另外,还向招标代理机构收取各项资料费,每个项目都要收费(每个项目500~1 000元不等),且不予开具任何票据。此外,还向中标单位收取中标服务费,其收费项目根据招投标项目的性质不同,施工、勘察、监理等按中标总额的0.1%~2%向中标单位收取。

【问题】 该地公共资源交易中心的做法是否合法合规?

拓展阅读

公共资源交易平台管理暂行办法、公共资源交易平台系统数据规范见下方二维码。

1.1.4　建筑市场的资质管理

建设工程投资大、周期长,为保证建设工程的质量和安全,对从事建设活动的单位必须实行从业资格管理,即资质管理制度。

特别提示

建筑市场的从业资质管理包括从业企业的资质管理和专业从业人员的资质管理。

目前,我国建筑行业资质改革的大趋势是"淡化企业资质,强化个人资质",逐步建立和完善工程质量终身责任制,加快个人诚信体系建立,促进行业自律。2019年11月6日国发〔2019〕25号文发布,试点取消工程造价咨询甲、乙两级资质认定,工程造价咨询企业持有营业执照即可开展经营。2021年4月1日,发改委令第42号正式废止《中央投资项目招标代理资格管理办法》,意味着招标代理资质已被全部取消。政府更加注重工程行业的事中事后监管,体现"放、管、服"(简政放权、放管结合、优化服务的简称)的要求。

拓展阅读

2021年7月,国发〔2021〕7号文(国务院关于深化"证照分离"改革和进一步激发市场主体活动的通知),逐步推进制度改革,拟在全国范围内直接取消部分工程资质审批,其中包括工程造价、施工三级等资质;取消"工程造价咨询企业甲级资质认定";取消"工程造价咨询企业乙级资质认定";将施工企业资质由三级调整为两级,取消三级资质,相应调整二级资质的许可条件。具体内容见《住房和城乡建设部关于修改〈建筑业企业资质管理规定〉等三部规章的决定(征求意见稿)》等文件,详见右侧二维码。

1. 建筑业企业资质管理

1）建筑施工企业资质

现行《建筑业企业资质管理规定》中规定,建筑业企业资质分为施工总承包企业资质、专业承包企业资质和施工劳务企业资质3个序列。

（1）施工总承包企业资质序列,划分为房屋建筑工程、公路工程、铁路工程、港口与航道工程、水利水电工程、电力工程、矿山工程、冶炼工程、化工石油工程、市政公用工程、通信工程、机电安装工程12个资质类别。等级分为特级、一级、二级、三级(见表1-1)。

（2）专业承包企业资质序列设有 36 个类别，等级分为一、二、三级。

（3）施工劳务企业资质序列不分类别和等级。

表 1-1　建筑业企业资质标准举例

企 业 类 别	资 质 等 级	承担工程范围
施工总承包企业 （建筑工程）	特级	可承担各类建筑工程的施工
	一级	可承担单项合同额 3 000 万元以上的下列建筑工程的施工： （1）高度 200m 以下的工业、民用建筑工程； （2）高度 240m 以下的构筑物工程
	二级	可承担下列建筑工程的施工： （1）高度 100m 以下的工业、民用建筑工程； （2）高度 120m 以下的构筑物工程； （3）建筑面积 4 万平方米以下的单体工业、民用建筑工程； （4）单体跨度 39m 以下的建筑工程
	三级	可承担下列建筑工程的施工： （1）高度 50m 以下的工业、民用建筑工程； （2）高度 70m 以下的构筑物工程； （3）建筑面积 1.2 万平方米以下的单体工业、民用建筑工程； （4）单体跨度 27m 以下的建筑工程
专业承包企业 （地基基础工程）	一级	可承担各类地基基础工程的施工
	二级	可承担下列工程的施工： （1）高度 100m 以下的工业、民用建筑工程和高度 120m 以下的构筑物的地基基础工程； （2）深度不超过 24m 的刚性桩复合地基处理和深度不超过 10m 的其他地基处理工程； （3）单桩承受设计荷载 5 000kN 以下的桩基础工程； （4）开挖深度不超过 15m 的基坑围护工程
	三级	可承担下列工程的施工： （1）高度 50m 以下的工业、民用建筑工程和高度 70m 以下的构筑物的地基基础工程； （2）深度不超过 18m 的刚性桩复合地基处理和深度不超过 8m 的其他地基处理工程； （3）单桩承受设计荷载 3 000kN 以下的桩基础工程； （4）开挖深度不超过 12m 的基坑围护工程
专业承包企业 （建筑装饰装修工程）	一级	可承担各类建筑装修装饰工程，以及与装修工程配套的其他工程的施工
	二级	可承担单项合同额 2 000 万元以下的建筑装修装饰工程，以及与装修工程配套的其他工程的施工
施工劳务企业	不分等级	可承担各类施工劳务作业

《建筑业企业资质管理规定》中规定，国务院建设主管部门负责全国建筑业企业资质的统一监督管理，国务院交通、水利、工业和信息化等有关部门配合国务院建设主管部门实施相关资质类别建筑业企业资质的管理工作。

省、自治区、直辖市人民政府建设主管部门负责本行政区域内建筑业企业资质的统一监督管理,省、自治区、直辖市人民政府交通、水利、工业和信息化等有关部门配合同级建设主管部门实施本行政区域内相关资质类别建筑业企业资质的管理工作。

建筑业企业违法从事建筑活动的,违法行为发生地的县级以上地方人民政府建设主管部门或者其他有关部门应当依法查处,并将违法事实、处理结果或处理建议及时告知该建筑业企业的资质许可机关。

 相关链接

《中华人民共和国建筑法》(以下简称《建筑法》)第二十六条规定:承包建筑工程的单位应当持有依法取得的资质证书,并在其资质等级许可的业务范围内承揽工程。禁止建筑施工企业超越本企业资质等级许可的业务范围或者以任何形式用其他建筑施工企业的名义承揽工程。禁止建筑施工企业以任何形式允许其他单位或者个人使用本企业的资质证书、营业执照,以本企业的名义承揽工程。

2)勘察、设计单位资质

建设工程勘察、设计资质分为工程勘察资质、工程设计资质。

(1)工程勘察资质。工程勘察资质分为工程勘察综合资质、工程勘察专业资质、工程勘察劳务资质。工程勘察综合资质只设甲级;岩土工程、岩土工程设计、岩土工程物探测试检测监测专业资质设甲、乙两个级别;岩土工程勘察、水文地质勘察、工程测量专业资质设甲、乙、丙3个级别;工程勘察劳务资质不分等级。工程勘察资质范围包括建设项目的岩土工程、水文地质工程和工程测量。

(2)工程设计资质。工程设计资质分为工程设计综合资质、工程设计行业资质、工程设计专业资质和工程设计专项资质。工程设计综合资质只设甲级;工程设计行业资质和工程设计专业资质设甲、乙两个级别;根据行业需要,建筑、市政公用等行业可设立工程设计丙级资质,建筑工程设计专业资质设丁级;工程设计专项资质根据需要设置等级。

3)工程监理单位的资质

工程监理单位资质分为综合资质、专业资质和事务所资质。其中,专业资质按照工程性质和技术特点划分为若干工程类别;综合资质、事务所资质不分级别;专业资质分为甲级、乙级;房屋建筑、水利水电、公路和市政公用专业资质可设立丙级。

【案例1-3】 2021年1月,某市A厂(以下简称甲方)与某市区修建工程队(以下简称乙方)订立了建设工程承包合同。合同规定:乙方为甲方建造框架结构厂房,跨度12m,总造价为598.9万元;承包方式为包工包料;建设工程工期为2021年11月2日至2022年3月10日。从工程开工直到2022年年底,工程仍未能完工,且已完工程质量部分不合格。期间甲方付给乙方工程款、材料垫付款共621.6万元。为此,双方发生纠纷。

经查明:乙方在工商行政管理机关登记的经营范围为维修和承建小型生产性建设工程,无资格承包此工程。经有关部门鉴定:该项工程造价为598.9万元,未完工程造价为110.7万元,已完工程的厂房屋面质量不合格,返工费50.6万元。

【问题】 此纠纷应如何解决?

2. 建筑从业人员资质

建筑从业人员执业资格制度是指对具有一定专业学历、资历的从事建筑活动的专业技术人员,通过国家相关考试和注册确定其执业的技术资格,获得相应的建筑工程文件签字权的一种制度。目前,我国建筑领域的专业技术人员执业资格制度主要有注册建筑师、注册监理工程师、注册结构工程师、注册城市规划师、注册造价工程师、注册建造师等。

 相关链接

《建筑法》第十四条规定:从事建筑活动的专业技术人员,应当依法取得相应的执业资格证书,并在执业资格证书许可的范围内从事建筑活动。

【案例1-4】 某水利水电工程建设有限公司 A 系国有参股的股份制企业,隶属于某县水利局,现具有水利水电工程施工总承包二级资质、河湖整治工程专业承包二级资质等相关资质。1 月,A 申请水利水电工程施工总承包一级资质、河湖整治工程专业承包一级资质、整治工程专业承包一级资质。经审核后,住房和城乡建设部于 6 月公示同意其水利水电工程施工总承包一级资质、河湖整治工程专业承包一级资质。

然而,公示期间,住房和城乡建设部接到群众举报称:A 申报的业绩材料涉嫌造假,虚报夸大其承揽公司的业绩,且人员、信息严重不实,申报的注册建造师中,除 3 人系 A 职工外,其余全部属于挂靠人员,高级工程师有 6 人非 A 人员。A 申报资料中提供的人员社保信息全部为伪造。

【问题】 A 的行为是否合法合规? 住房和城乡建设部应当如何处理本案?

 知识链接

什么是挂靠? 挂靠怎么认定?

挂靠是指单位或者个人以其他有资质的施工单位的名义,承揽工程的行为。存在下列行为之一的,属于挂靠。

(1) 没有资质的单位或个人借用其他施工单位的资质承揽工程的。

(2) 有资质的施工单位相互借用资质承揽工程的,包括资质等级低的借用资质等级高的,资质等级高的借用资质等级低的,相同资质等级相互借用的。

(3) 专业分包的发包单位不是该工程的施工总承包或专业承包单位,但建设单位依照约定作为发包单位的除外。

(4) 劳务分包的发包单位不是该工程的施工总承包单位、专业承包单位或专业分包单位的。

(5) 施工单位在施工现场派驻的项目负责人、技术负责人、质量管理负责人、安全管理负责人中 1 人以上与施工单位没有订立劳动合同,或没有建立劳动工资或社会养老保险关系的。

(6) 实际施工总承包单位或专业承包单位与建设单位之间没有工程款收付关系,或者工程款支付凭证上载明的单位与施工合同中载明的承包单位不一致,又不能进行合理解释并提供材料证明的。

(7) 法律法规规定的其他挂靠行为。

司法解释

发包人请求出借资质方与挂靠方对建设工程质量不合格等造成的损失承担连带赔偿责任的,该如何处理?

发包人请求出借资质方与挂靠方对建设工程质量不合格等因出借资质造成的损失承担连带赔偿责任的,人民法院应作如下处理。

(1)认定出借方与挂靠方对外承担连带责任。法律依据是《建设工程司法解释(二)》第4条,即"缺乏资质的单位或者个人借用有资质的建筑施工企业名义签订建设工程施工合同,发包人请求出借方与挂靠方对建设工程质量不合格等因出借资质造成的损失承担连带赔偿责任的,人民法院应予以支持"。

(2)出借方与挂靠方内部责任可以看作按份责任,出借方在收取管理费的范围内承担按份责任。

【案例1-5】　某建筑工程公司的法定代表人李某与个体经营者张某是老乡。张某要求以该公司的名义承接一些工程施工业务,双方便签订了一份承包合同,约定张某可使用该公司的资质证书、营业执照等承接工程,每年上交承包费200万元,如不能按时如数上交承包费,该公司有权解除合同。合同签订后,张某利用该公司的资质证书、营业执照等多次承揽工程施工业务,但年底只向该公司上交了80万元的承包费。为此,该公司与张某发生激烈争执,并诉至法院。

【问题】

(1)该建筑工程公司与张某是否存在违法行为?

(2)若存在违法行为,该建筑工程公司应当受到什么处罚?

3. 建筑业"四库一平台"资质动态监管

当前我国建筑市场中各方主体信用缺失的情况还比较普遍:一些建设单位不按工程建设程序办事,强行要求垫资承包,肢解工程发包,明招暗定,拖欠工程款;一些承包企业层层转包工程,在施工过程中偷工减料,导致质量和安全问题;一些监理、招标代理、造价咨询等中介机构办事不公正,扰乱了市场秩序。

住房和城乡建设部的"四库一平台"主要是为了实现资质动态监管。

"四库"是指企业数据库基本信息库、注册人员数据库基本信息库、工程项目数据库基本信息库、诚信信息数据库基本信息库,"一平台"是指一体化工作平台。四库互联互通,以身份证可以查人员,以单位名可以查人员,以人员可查单位。

"四库一平台"资质动态监管运用现代化的网络手段,采集各地诚信信息数据,发布建筑市场各方主体诚信行为记录,重点对失信行为进行曝光,并方便社会各界查询;整合表彰奖励、资质资格等方面的信息资源,能为信用良好的企业和人员提供展示平台;普及和传播信用常识,及时发布行业最新的信用资讯、政策法规和工作动态,为工程建设行业提供信用信息交流平台,营造全国建筑市场诚实守信的良好环境。

模块 1.2 工程承发包

1.2.1 工程承发包的概念

承发包是指一方当事人为另一方当事人完成某项工作,另一方当事人接受工作成果并支付工作报酬的行为。把某项工作交给他人完成并有义务接受工作成果、支付工作报酬的一方是发包方;承揽他人交付的某项工作并完成某项工作的一方是承包方。

工程承发包是指作为交易一方的建设单位,将需要完成的建设工程勘察、设计、施工等工作全部或者其中一部分工作交给交易的另一方建设工程勘察、设计、施工单位去完成,并按照双方约定支付报酬的行为。其中,建设单位是以建设工程所有者的身份委托他人完成勘察、设计、施工、安装等工作,并支付报酬的公民、法人或其他组织是发包人,在发承包合同或协议中又称甲方;以建设工程勘察、设计、施工、安装者的身份向建设单位承包,有义务完成发包人交给的建设工程勘察、设计、施工、安装等工作,并有权获得报酬的企业是承包人,在发承包合同或协议中又称乙方。

1.2.2 工程承发包方式

工程承发包方式是指发包人与承包人之间的经济关系形式。工程承发包方式的种类多种多样,按照不同的标准可以有不同的分类,主要的分类方式见图 1-2。

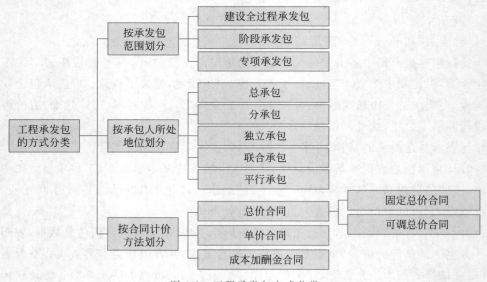

图 1-2　工程承发包方式分类

1. 按承发包范围划分承包方式

1)建设全过程承发包

建设全过程承发包又叫"一揽子承包",承包人可以对项目建议书、可行性研究、勘察设计、材料设备采购、建筑安装工程施工、职工培训、竣工验收直到投产使用和建设后评估等全过程全面总承包。

特别提示

建设全过程承发包主要适用于大中型建设项目。

2）阶段承发包

阶段承发包是指发包人、承包人就建设过程中某一阶段或某些阶段的工作进行发包与承包，如勘察、设计或者施工阶段的承发包。

3）专项承发包

专项承发包是指发包人、承包人就某建设阶段中的一个或各个专门项目进行发包与承包，如工程地质勘察、基础或结构工程设计、空调系统及防灾系统、电梯安装等的承发包。

2. 按承包人所处地位划分承发包方式

1）总承包

总承包简称总包，是指发包人将一个建设项目全过程或其中某个或某几个阶段的全部工作发包，该承包人可以将自己承包范围内的若干专业性工作再分包给不同的专业承包人去完成，并对其统一协调和监督管理。

总承包通常分为工程总承包和施工总承包两大类。工程总承包是指从事工程总承包的企业受建设单位的委托，按照工程总承包合同的约定，对工程项目的勘察、设计、采购、施工、试运行（竣工验收）等实行全过程或若干阶段的承包。施工总承包是指发包人将全部施工任务发包给具有施工总承包资质的建筑业企业，由施工总承包企业按照合同的约定向建设单位负责，承包完成施工任务。

特别提示

无论是工程总承包还是施工总承包，承包合同的签约主体都是建设单位和总承包单位，总承包单位均应按照承包合同约定的权利和义务向建设单位负责。如果分包工程发生问题，总承包单位不得以分包工程已分包他人为由推卸自己的总承包责任，而应与分包单位就分包工程承担连带责任。

2）分承包

分承包简称分包，是相对于总承包而言的，在现场由总承包人统筹安排其活动。分承包人承包的工程不能是总承包范围内的主体结构工程或主要部分（关键性部分），主体结构工程或主要部分必须由总承包人自行完成。

分承包主要有两种情形：一是总承包合同约定的分包；二是总承包合同未约定的分包，但经过建设单位认可的。分包事实上都要经过建设单位同意后才能进行。

3）独立承包

独立承包是指依靠自身力量自行完成任务的承发包方式，一般适用于技术要求比较简单、规模不大的工程项目。

4)联合承包

联合承包是相对于独立承包而言的,指发包人将一项工程任务发包给两个以上的承包人,由这些承包人联合共同承包。

联合承包主要适用于大型或结构复杂的工程,参加联营的各方仍是各自独立经营的企业,只是就共同承包的工程项目必须事先达成联合协议,以明确各个联合承包人的权利和义务。

5)平行承包

发包人将建设工程的设计、施工及材料设备采购的任务经过分解分别发包给若干个设计单位、施工单位和材料设备供应单位,并分别与各方签订合同。各设计单位之间的关系是平行的,各施工单位之间的关系也是平行的,各材料设备供应单位之间的关系也是平行的。

3. 按合同计价方法划分承发包方式

1)总价合同

总价合同是指支付承包方的款项在合同中是一个"规定的金额",即总价。总价合同的主要特征是:价格根据确定的由承包方实施的全部任务,按承包方在投标报价中提出的总价确定;实施的工程性质和工程量应在事先明确商定。总价合同又可分为固定总价合同和可调总价合同两种形式。

2)单价合同

单价合同以工程量清单和单价表作为计算承包价的依据。

3)成本加酬金合同

成本加酬金合同是指除了按工程实际发生的成本结算外,发包人另外加上商定好的一笔酬金(总管理费和利润)支付给承包人的一种承发包方式。

特 别 提 示

签订总价合同,承包人承担的合同风险最大,该承发包方式适用于工程量小、工期短、工程任务和范围明确的情况;签订成本加酬金合同,承包人承担的合同风险最小。

模块 1.3　招投标的起源与发展

【案例1-6】　鲁布革水电站引水工程招标投标工程经验。鲁布革水电站装机容量60万kW·h,位于云贵交界的黄泥河上。1981年6月,经国家批准,列为重点建设工程。1982年7月,国家决定将鲁布革水电站的引水工程作为水利电力部第一个对外开放、利用世界银行贷款的工程,并按世界银行规定,实行新中国成立以来第一次的国际公开(竞争性)招标。该工程由一条长8.8km、内径8m的引水隧洞和一个调压井等组成。招标范围包括引水隧洞、调压井和通往电站的压力钢管等。

招标工作由水利电力部委托中国进出口公司进行,其招标程序及合同履行情况如表1-2所示。

表 1-2 鲁布革水电站引水工程国际公开招标程序

时　间	工　作　内　容	说　明
1982 年 9 月	刊登招标公告及编制招标文件	—
1982 年 9—12 月	第一阶段资格预审	从 13 个国家 32 家公司中选定 20 家合格公司,包括我国的 3 家公司
1983 年 2—7 月	第二阶段资格预审	与世界银行磋商第一阶段资格预审,中外公司为组成联合投标公司进行谈判
1983 年 6 月	发售招标文件	15 家外商及 3 家国内公司购买了标书,8 家公司投标
1983 年 11 月	开标	共 8 家公司投标
1983 年 11 月—1984 年 4 月	评标	确定日本大成公司、日本前田公司和意美联合的英波吉洛公司 3 家为评标对象,最后确定日本大成公司中标,与之签订合同,合同价 8 463 万元,比标底 12 958 万元低 35%,合同工期 1 597 天
1984 年 11 月	引水工程正式开工	—
1988 年 8 月	工程竣工	工程竣工,初步结算价 9 100 万元,仅为标底的 70%,比合同价增加了 7.53%,实际工期 1 475 天,比合同工期提前了 122 天

　　该项目从 1982 年 9 月组织国际公开招标起,至工程开标,历时 17 个月,共 8 家公司投标。其中,前联邦德国霍克蒂夫公司未按照招标文件要求投送投标文件,投标被否决。从表 1-3 所示的投标报价(根据当日的官方汇率,将外币换算成人民币)可以看出,最高价法国 SBTP 公司(1.79 亿元)与最低价日本大成公司(8 463 万元)相比,报价相差 1 倍多,可见竞争之激烈。日本大成公司的投标价格之低,也使中外厂商大吃一惊,在国内外引起不小震动。

表 1-3 鲁布革水电站引水工程国际公开招标评标折算报价

公 司 名 称	折算报价/元	公 司 名 称	折算报价/元
日本大成公司	84 630 591	中国闽昆与挪威 FHS 联合公司	121 327 425
日本前田公司	87 964 864	南斯拉夫能源工程公司	132 234 146
英波吉洛公司(意美联合)	92 820 661	法国 SBTP 公司	179 393 719
中国贵华与前联邦德国霍兹曼联合公司	119 947 490	前联邦德国霍克蒂夫公司	投标被否决

　　按照国际惯例,只有前 3 名进入评标阶段,我国两家公司非常遗憾地没有入选。这次国际竞争性招标,我国公司享受 7.5% 的优惠,地处国内,条件颇为有利,但没有中标。究其原因,主要是我国施工技术和管理水平与当时的外国大公司相比存在明显差距。在工效上,当时国内隧洞开挖进尺每月最高为 112m,仅达到国外公司平均工效的 50% 左右。在施工工艺方面也十分落后,日本大成公司每立方米混凝土的水泥用量比国内公司少用 70kg。因此,我国公司虽然享受报价优惠,但投标报价仍远高于外国公司,而处于不利地位。

　　评标工作由中外专家组成的评标小组负责,按照规定的评标办法进行,并互相监督、严格保密,禁止评标人与外界接触。在评标过程中,评标小组还分别与 3 家承包人进行了澄清会谈。经各方专家多次评议讨论,最后确定报价最低的日本大成公司中标,并与之签订合同。合同工期 1 597 天,实际工期为 1 475 天,提前 122 天。

大成公司采用总承包制,管理及技术人员仅 30 人左右,雇用我国某公司为分包单位,工程质量综合评价为优良。包括设计变更、物价涨落、索赔及附加工程量等增加费用在内的工程初步结算为 9 100 万元(除汇率风险以外),仅为标底的 60.8%,比合同价增加了 7.53%。鲁布革水电站招标投标工程的管理经验不但得到了世界银行的充分肯定,也受到我国政府的重视,号召建筑施工企业进行学习。

鲁布革水电站引水工程招标投标工程的管理经验主要有以下几点。

(1) 最核心的经验是把竞争机制引入工程建设领域。

(2) 实行国际评标低价中标惯例,评标时标底只起参考作用。

(3) 工程施工采用全过程承包方式和科学的项目管理。

(4) 严格的合同管理和工程监理制度。

在中国工程建设发展和改革过程中,鲁布革水电站的建设占有一定的历史地位,发挥了极其重要的历史作用。在总结鲁布革水电站引水工程招标投标工程管理经验的基础上,中国建设系统结合中国国情,逐步推行了建设体制的三项改革,即项目建设的业主责任制度、工程建设监理制度和招投标制度。

【问题】 什么是建设工程招投标? 建设工程招投标的目的是什么?

1.3.1 国际招投标的起源与发展

工程招标投标是在承包业的发展中产生的,起源于英国。在市场经济高度发展的西方国家,进行采购招标最初的原因是政府、公共部门或政府指定的有关机构的采购开支主要来源于法人和公民的税赋和捐赠,而这些资金的用途必须以一种特别的采购方式来促进节省开支,并最大限度地透明和公开,另外还与提高采购效率这一目标有关。继英国 18 世纪 80 年代首次设立公用局以来,许多西方国家通过专门规范政府和公共部门招标采购的法律,形成了西方国家具有惯例色彩的公共采购市场。

进入 20 世纪后,世界各国的招标制度得到了很大的发展。西方国家大都立法规定,政府公共财政资金的采购必须实行公开招标。这既是为了优化社会配置,又是为了预防腐败。20 世纪 70 年代以来,招标采购在国际贸易中的比例迅速上升,招标投标制度也成了一项国际惯例,形成了一整套系统、完善并为各国政府和企业所共同遵守的国际规则。最典型的是国际咨询工程师协会(FIDIC)编制的合同条款格式等已经被世界银行和世界各国所接受和应用,成为招标投标合同的范本。我国的《建设工程施工合同(示范文本)》对此都有相应的规定。

1.3.2 我国招投标制度的起源与发展

1. 我国招投标制度的四个发展阶段

1) 我国招投标制度的探索初创阶段

我国的招标投标制度是伴随着改革开放而逐步建立并完善的。1981 年,以吉林省吉林市和经济特区深圳市为代表的几个城市,率先试行招标投标,在全国产生了示范性的影响。

1983 年 6 月,城乡建设环境保护部颁布了《建筑安装工程招标投标试行办法》,这是我国第一个关于工程招投标的部门规章,对推动全国范围内试行此项工作起到了重大作用。1984 年,国家计划委员会、城乡建设环境保护部联合下发了《建设工程招标投标暂行规定》,提倡实行建设工程招标投标,我国自此开始推行招标投标制度。

2) 我国招投标制度的快速发展阶段

1991 年 11 月 21 日,原建设部、国家工商行政管理局联合下发了《建筑市场管理规定》,明确提出加强发包管理和承包管理,其中发包管理主要是指工程报建制度与招标制度。在整顿建筑市场的同时,原建设部还与国家工商行政管理局一起制定了《建设工程施工合同示范文本》及其管理办法,于 1991 年颁发,以指导工程合同的管理。1992 年 12 月 30 日,原建设部颁发了《工程建设施工招标投标管理办法》。1994 年 12 月 16 日,原建设部、国家经济体制改革委员会再次下发了《全面深化建筑市场体制改革的意见》,强调了对建筑市场管理环境的治理,文中明确提出大力推行招标投标,强化市场竞争机制。此后,各地纷纷制定各自的实施细则。

3) 我国招投标制度的全面推开阶段

1999 年是我国招投标制度发展史上具有里程碑意义的一年。1999 年 3 月,全国人大通过了《中华人民共和国合同法》(以下简称《合同法》),并于 10 月 1 日生效实施。2020 年 5 月 28 日,十三届全国人大三次会议表决通过了《中华人民共和国民法典》(以下简称《民法典》),自 2021 年 1 月 1 日起施行,《合同法》同时废止。1999 年 8 月 30 日,第九届全国人大常委会第十一次会议通过了《中华人民共和国招标投标法》(以下简称《招标投标法》),并于 2000 年 1 月 1 日生效实施。《招标投标法》大量采用了国际惯例或通用做法。

2000 年 5 月 1 日,原国家发展计划委员会(以下简称原国家计委)颁布《工程建设项目招标范围和规模标准规定》。2000 年 7 月 1 日,原国家计委又颁布了《工程建设项目自行招标试行办法》和《招标公告发布暂行办法》。2001 年 7 月 5 日,原国家计委等七部委联合颁布《评标委员会和评标办法暂行规定》等。至此,我国建设工程招标投标立法建制已初具规模,形成了基本框架体系。2011 年 11 月 30 日,国务院常务会议通过并公布《中华人民共和国招标投标法实施条例》(以下简称《招标投标法实施条例》),自 2012 年 2 月 1 日起施行。

4) 我国招投标制度的改革完善阶段

2013 年 2 月,国家发展和改革委员会(以下简称发改委)第 20 号令公布了《电子招标投标办法》,我国招投标制度进入了新的阶段。2013 年,发改委公布 2013 年第 23 号令,对《招标投标法》实施以来发改委牵头制定的规章和规范性文件进行了全面清理与修改,包括《招标公告暂行办法》《工程建设项目自行招标试行办法》《工程建设项目可行性研究报告增加招标内容和核准招标事项暂行规定》《评标委员会和评标方法暂行规定》等 12 个文件。

为增强招标投标制度的适用性和前瞻性,助力供给侧结构性改革,2017 年招投标领域迎来了新的重要改革。2017 年 12 月 27 日,第十二届全国人民代表大会常务委员会第三十一次会议修改了《招标投标法》。2018 年 3 月,发改委发布《必须招标的工程项目规定》(国家发展改革委 2018 年第 16 号令)和《必须招标的基础设施和公用事业项目范围规定》(发改法规规〔2018〕843 号文),缩小了必须招标项目的范围,提高了必须招标项目的规模标准,明确了全国执行统一的规模标准。2022 年 7 月,国家发改委等 13 部委联合发布国家新规《关于严格执行招标投标法规制度进一步规范招标投标主体行为的若干意见》,以严格执行招标投标法规制度、进一步规范招标投标各方主体行为。至此,招投标制度已日趋成熟,招投标法律法规日臻完善。

拓展阅读

规范招标投标主体行为的若干意见

2. 我国招投标制度的发展方向

我国的建设工程招投标制度的发展经历了初始探索(1980—1983 年)、快速发展(1984—1998 年)、全面推开(1999—2013 年)、改革完善(2013 年至今)四个阶段,招投标法制体系不断完善,未来招投标制度正朝着以下几方面不断深入发展。

(1)理顺招投标监管体制。

(2)规范招标采购标准文件及招标工作标准体系。制定适用于不同性质项目、不同合同类型的标准招标文件和标准工作规程,建设形成完整的招投标标准体系,作为法律法规体系的补充,共同规范招标投标行为。

特别提示

目前招投标领域的标准文件有《中华人民共和国标准施工招标资格预审文件》(2007 年版)(以下简称《标准施工招标资格预审文件》)、《中华人民共和国标准施工招标文件》(2007 年版)(以下简称《标准施工招标文件》)等;合同示范文本有《建设工程施工合同(示范文本)》(GF—2017—0201)等。

(3)完善电子招标投标制度。提倡电子招标投标,构建全国统一的电子招标投标公共服务平台,使电子招标投标成为节约资源、提高交易效率、促进信息公开、打破分割封闭、转变行政监督方式、加强市场主体诚信自律和社会监督等方面的重要技术支撑。

(4)健全招标投标信用机制。研究和建设招标投标信用信息征集、信用评价指标、信用考核奖惩等信用制度体系,利用电子招标投标公共服务平台逐步整合现有分散的信用信息,建立覆盖全社会的招标投标主体信用信息平台,制定客观、科学和全面的主体信用评价制度,贯彻落实和不断完善《招标投标违法行为记录公告暂行办法》。

(5)进一步完善评标专家库制度。改变评标专家资源零星分散、管理松散的现状,组建跨行业、跨地区的综合性评标专家库,通过公共服务平台为各类招标人集中抽取选聘评标专家提供公共服务,逐步实现专家资源共享,提高专家素质,加强专家的考核管理,规范专家评标行为。

(6)推动招标投标从业人员职业资格制度发展。建立市场主体与从业人员,以及职业资格与职业素质、职业责任有机结合的自律机制,从源头规范招标采购行为。

1.3.3 电子招投标

随着招投标工作向纵深方向的快速发展与互联网技术的不断完善,人工管理手段已经不能满足实际招投标工作需要。随着信息化的推广和应用,招投标行业正在进行信息化改造,推广实施电子招投标成为行业发展共识。电子招投标进行网络管理,既能实现招投标的全过程实时监控,又能实现信息资源共享,可进一步规范各个环节的招标采购行为,整合业务流程、固化招标程序,促进招投标工作的健康发展。

1.电子招投标的概念

电子招投标是指招标投标主体按照国家有关法律法规的规定,以数据电文为主要载体,依托电子招标投标系统完成的部分或者全部招投标活动。理解这一概念应重点掌握以下三点。

1)数据电文形式

电子招标投标的数据电文一词源于《中华人民共和国电子签名法》的规定,主要是指电子招标投标活动中生成、发送、接收和存储的各类电子数据及其形成的各类文档,包含招标公告、资格预审公告或者投标邀请书、资格预审文件、资格预审申请文件、招标文件、投标文件、评标报告、中标通知书、合同等电子数据文本。

2)电子招标投标系统

电子招标投标系统是指应用互联网信息技术依法建设运营能够生成、交互和存储数据电文,并以此为载体完成招标投标交易活动,实现交易信息共享和支持行政及公众监督的信息基础设施。全国电子招标投标系统由各交易平台、公共服务平台、行政监督平台三大平台按照统一标准相互对接构成。三大平台分别由不同主体建设运营,在电子招投标活动中各自承担不同的角色任务。

3)部分或者全部招投标活动

部分或者全部招投标活动应当事先约定,不能随意变动。

特别提示

《国家发展改革委等部门关于严格执行招标投标法规制度进一步规范招标投标主体行为的若干意见》(发改法规〔2022〕1117号文)规定,除交易平台暂不具备条件等特殊情形外,依法必须招标项目应当实行全流程电子化交易。

2.电子招投标推行的意义

电子招投标制度的推行,是解决当前招投标领域突出问题的需要。推行电子招投标,为充分利用信息技术手段解决招标投标领域的突出问题创造了条件。

与传统纸质招标的现场监督、查阅纸质文件等方式相比,电子招标投标的行政监督方式有了很大变化,其最大区别在于利用信息技术整合信息,如实记载交易过程,可以实现网络化、无纸化的全面、实时和透明监督,有利于建立健全信用惩戒机制、防止暗箱操作、有效查处违法行为。例如,匿名下载招标文件,使得招标人和投标人在投标截止前难以知晓潜在投标人的名称与数量,有效防范围标、串标;网络终端直接登录电子招标投标系统,不仅方便了投标人,还有助于防止通过投标报名排斥潜在投标人,增强招标投标活动的竞争性。

3.电子招投标的组织架构和功能

根据《电子招标投标办法》,电子招标投标系统分为交易平台、公共服务平台、行政监督平台,如图1-3所示。

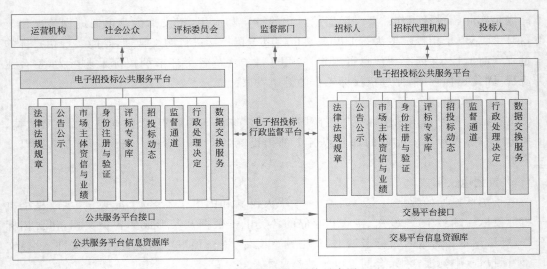

图 1-3　电子招投标系统示意图

1) 交易平台

交易平台是以数据电文形式完成招标投标交易活动,并通过对接公共服务平台,实现交易信息交互共享和支持行政监督的交易信息载体的基础平台。它可以提供网上策划招标方案、投标邀请、资格预审、发布招标公告、接收投标文件、开标、抽取评标专家、评标、确定中标人、网上缴费、提出异议及归档等功能。

电子招投标交易平台必须依据《电子招标投标办法》及其技术规范的要求建设运营,选择任何一个公共服务平台对接注册,满足交易数据交互共享和行政监督的要求,并通过电子招标投标系统检测认证,才能投入运行。交易平台应当按照标准统一、互联互通、公开透明、安全高效的原则,按照专业化和市场化要求,依法平等地竞争运营。

2) 公共服务平台

公共服务平台是满足交易平台之间信息交换、资源共享需要,并为市场主体、行政监督部门和社会公众提供市场信息服务的交互枢纽平台。通过建立全国电子招投标公共服务平台体系,才有可能打破地方分割和行业闭锁,打通各信息孤岛,才能在全国范围内的不同行业、不同地区、不同主体及不同时间、不同空间全面客观地共享招标投标市场信息,以此可以充分发挥社会公众的监督作用,转变和规范行政监督方式,逐步消除弄虚作假、违法干预和以权谋私现象,有效促进市场的统一开放、公平竞争和主体诚信自律。这是借助电子招投标力量克服和解决传统招投标分割管理体制弊病的主要目标。

公共服务平台由国家、省和设区的市人民政府发展改革部门会同有关部门按照政府主导、共建共享、公益服务的原则,推动建设本区域层级的公共服务平台并按规定与上一层级公共服务平台对接交互信息。国家招标投标公共服务平台于 2015 年 10 月建成运营,各省人民政府根据实际情况可以实行省、市公共服务平台统一合并建设,其服务终端覆盖全省各市、县。

3) 行政监督平台

行政监督平台是行政监督部门和监察机关通过公共服务平台对接多个相关交易平台,在线监督电子招投标活动的信息平台,包括场地监督、数据统计系统和场地系统等。招标投标行政监督部门通过该平台受理投诉举报和下达行政处理决定,通过来自公共服务平台的大数据分析,观察市场实时动态,预估行政调控监督政策措施的可行性及可靠性,并实现事中、事后监督执法,以行政监督的电子化推进招投标全流程的电子化。行政监督平台可以由招投标行政监督部门自行建设,也可以委托公共服务平台一并建设运营,或者租赁使用公共服务平台的监督窗口。

电子招投标系统三大平台以交易平台为核心,以公共服务平台、行政监督平台为辅助,实现建设工程招标项目从申报、审核到中标备案的全过程服务。三大平台必须共同遵守统一的技术标准和数据接口规范,全面开放和公布数据接口及实现方式,这是实现电子招投标系统各个平台相互联通、信息共享的必要条件。

三个平台既相互区别,又功能互补。交易平台是基础,公共服务平台是枢纽,行政监督平台是手段,共同构成定位清晰、层次分明、功能互补、互联互通的电子招标投标系统架构。

4. 电子招投标的法律效力

实现电子招投标后会弱化纸张化,甚至实现无纸化。2014年,我国对墨西哥高铁项目进行投标,仅标书就装了8个箱子,重2.1t。使用电子化文件更为环保,也是大势所趋。

在传统的招投标活动中,参与各方在纸质文件上签字或盖章是为了证明身份和对所签名盖章的书面文件的认可。实现招投标电子化后,通过网络以数据电文传递的信息无法获得手工签名和盖章,为此出现了电子签名技术。《中华人民共和国电子签名法》规定,可靠的电子签名与手写签名或盖章具有同等法律效力。《招标投标法实施条例》第二条规定,数据电文形式与纸质形式的招标投标活动具有同等法律效力。具体来说,包含以下三层含义。

(1)电子招标投标活动形成的数据电文在满足《中华人民共和国电子签名法》关于数据电文原件真实可靠等要求的前提下,与纸质文件具有同等的法律效力。

(2)数据电文形式完成的电子招标投标程序与纸质形式的招标投标程序具有同等法律效力。电子招标投标活动仅仅是改变了招投标程序的载体实现形式,各方当事人的权利、义务及法律责任不变,各方仍然必须严格遵守招标投标制度已有的法律程序。《电子招标投标办法》又新增加了对电子招标投标系统运营机构的权利、义务和法律责任的相应规定。

(3)同时使用数据电文和纸质文件的效力优先规定。《电子招标投标办法》规定,电子招标投标某些环节需要同时使用纸质文件的,应当在招标文件中明确约定;当纸质文件与数据电文不一致时,除招标文件特别约定外,以数据电文为准。也就是说,电子招标投标活动,一般情况下以数据电文形式为准;当受条件限制,必须使用纸质文件且以纸质文件为准时,需在招标文件中特别约定。

 拓展阅读

电子招标投标办法

【案例1-7】 2022年3月,某地公共资源交易中心使用电子评标系统评审某小学教学楼招标项目。评审中,评委会发现A投标人的投标文件、投标函的电子文件与纸质文件出现了不一致的地方。由于采用了电子化评标,投标人只按公共资源交易中心的要求提供了一份投标文件,且没有标明正本、副本。招标文件中表述,电子文件必须与纸质文件一致,但没有规定不一致时是否要否决其投标。公共资源交易中心的工作人员则不发表意见,认为由评标委员会来决定,只要符合少数服从多数的原则,由专家自己承担责任。

【问题】

(1) 公共资源交易中心工作人员的做法是否正确?

(2) 电子文件与纸质文件不一致时,评委会应如何评标?

模块 1.4 建设工程招投标概述

招投标是一种特殊的市场交易方式,是由交易活动的发起方在一定范围内公布标的特征和部分交易条件,按照依法确定的规则和程序,对多个响应方提交的报价及方案进行评审,择优选择交易主体并确定全部交易条件的一种交易方式。

建设工程招投标是在市场经济条件下进行的工程建设、货物买卖、中介服务等经济活动时采用的一种竞争方式和交易方式,其特征是招标人事先公布有关工程、货物或者服务等交易业务的采购条件和要求,引入竞争机制,择优选定中标人,以求达成交易协议或订立合同。

特别提示

通过辨析招投标的概念,可以发现招投标制度具有以下特性。

1) 竞争性

招投标制度的引入形成了有序竞争,可以优化资源配置,提高社会效益和经济效益。这是招投标制度的根本特性。

2) 程序性

招投标活动必须遵循严密规范的法律程序。《招标投标法》及相关法律政策,对招标人从确定招标范围、招标方式、招标组织形式直至选择中标人并签订合同的招投标全过程每一环节的时间、顺序都有严格、规范的限定,不能随意改变。任何违反法律程序的招投标行为,都可能侵害其他当事人的权益,必须承担相应的法律后果。

3) 规范性

《招标投标法》及相关法律政策,对招投标各个环节的工作条件、内容、范围、形式、标准以及参与主体的资格、行为和责任都作出了严格的规定。

4) 一次性

投标要约和中标承诺只有一次机会,且密封投标,双方不得在招投标过程中就实质性内容进行协商谈判,讨价还价。

5) 技术经济性

招标具有技术性,主体体现在招标项目标的的使用功能和技术标准,建造、生产和服务过程的技术及管理要求等;招投标的经济性同样贯穿招投标的全过程,体现在招标人预期投资目标和投标人竞争期望值的博弈平衡,形成了中标价格。

1.4.1 建设工程招投标的目的和原则

1. 建设工程招投标的目的

基于招投标制度的特性,在工程中引入竞争机制,能够择优选定勘察、设计、设备安装、施工、装饰装修、材料设备供应、监理和工程总承包单位,有助于缩短工期、提高工程质量和节约资金。但由于各类建设工程招标投标的内容不尽相同,投标意图和侧重点也会有所不同,在具体操作上也存在一定的差别。总的来说,招投标制度有合理严密的工作程序和监管机制,交易体现公开、公平、公正的原则,引入建设工程领域能引入竞争,防止垄断、腐败,杜绝不正之风。

2. 建设工程招投标的基本原则

《招标投标法》第五条规定了招标投标活动必须遵循"公开、公平、公正和诚实信用"的原则,这是招标投标必须遵循的基本原则,违反了这一基本原则,招标投标活动就失去了意义。

1)公开原则

公开原则要求招标投标活动具有较高的透明度,招标信息、招标程序、中标结果公开。

2)公平原则

公平原则要求给予所有投标人平等的机会,使其享有同等的权利,履行同等的义务。不能有意排斥、歧视任何一方。而投标人不得采用不正当竞争手段参加投标竞争。

3)公正原则

公正原则要求在招标投标活动中,程序规范、标准一致。评标时对所有投标者一视同仁,严格按照事先公布的标准和规则统一对待各投标人。

4)诚实信用原则

"诚实信用"是民事活动的基本原则之一。招标投标活动是以订立采购合同为目的的民事活动,当然也适用这一原则。本原则的含义是,在招标投标活动中,招标人或招标代理机构、投标人等均应以诚实、善意的态度参与招标投标活动,严格按照法律的规定行使自己的权利和义务,坚持良好的信用,不得弄虚作假,欺骗他人,牟取不正当利益,不得损害对方、第三者或者社会的利益。对违反诚实信用原则,给他方造成损失的,要依法承担赔偿责任。《招标投标法》第五十三条至第六十条明确规定了各种违背诚实信用原则的行为的法律责任。

【案例1-8】 在一次招标活动中,招标文件写明投标不能口头附加材料,也不能附条件投标。但招标人将合同授予了投标人甲。招标人解释说,如果考虑到该投标人的口头附加材料,则该投标人的报价最低。另一个报价低的投标人乙起诉招标人,请求法院判定招标人将该合同授予自己。法院经过调查发现,投标人甲是招标人内定的承包商。法院最后判决将合同授予合格的最低价的投标人乙。

【问题】

(1)你觉得法院的判决合理吗?

(2)法院的判决是招投标制度哪项基本原则的体现?

1.4.2 建设工程招投标的主要参与者

建设工程招标投标活动中主要的参与者包括招标人、招标代理机构、投标人和政府监督部门。

1. 招标人

招标人是指按照法律规定提出招标项目,进行工程建设勘察、设计、施工、监理以及与工程建设有关的重要设备、材料等招标的法人或其他组织。

招标人具有编制招标文件和组织评标能力的,可以自行办理招标事宜,否则,可以委托招标代理机构代理招标事宜。

招标人自行招标必备两个条件:一是有编制招标文件的能力;二是有组织评标的能力。

招标人应享受的权利和应履行的义务见表1-4。

表1-4　招标人的权利与义务

招标人的权利	招标人的义务
(1) 自行组织招标或委托招标代理机构进行招标 (2) 对投标人进行资格审查 (3) 主持开标的权利 (4) 择优选择中标单位的权利或授权评标委员会直接确定中标人 (5) 依法享有的其他权利	(1) 遵守法律法规、规章制度 (2) 不得侵犯投标人的合法权益 (3) 委托招标代理机构进行招标,向招标代理机构提供所需资料并支付委托费用 (4) 合理编制招标文件 (5) 设有标底的,应对标底保密 (6) 依法组建评标机构 (7) 接受招标投标管理机构的监督与管理 (8) 与中标人签订合同,并履行合同义务 (9) 履行依法约定的其他义务

特别提示

招标人应当是法人或其他组织,自然人不能成为招标人。

招标人具有编制招标文件和组织评标能力的,可以自行办理招标事宜。招标人不具备自行招标条件的,有权自行选择招标代理机构,委托其办理招标事宜。任何单位和个人不得强制其委托招标代理机构办理招标事宜。

依法必须进行招标的项目,招标人自行办理招标事宜的,应当向有关行政监督部门备案。

2. 招标代理机构

招标代理机构是依法设立、从事招标代理业务并提供相关服务的社会中介组织。招标代理机构受招标人委托,代为办理有关招标事宜,如编制招标方案、招标文件及招标控制价,组织评标,协调合同的签订等。招标代理机构在招标人委托的范围内办理招标事宜,并遵守法律关于招标人的规定。工程招标代理机构享有的权利和应履行义务见表1-5。

表1-5　招标代理机构的权利与义务

招标代理机构的权利	招标代理机构的义务
(1) 组织并参与招标投标活动 (2) 按照招标文件的规定,对投标人进行资格审查 (3) 主持开标的权利 (4) 按照规定标准收取相应的招标代理费用 (5) 招标人授予的其他权利	(1) 遵守法律法规、规章制度 (2) 维护招标人的合法权利 (3) 组织编制招标文件,并对招标文件进行解释,对其所代理的业务负责 (4) 接受招标投标管理机构的监督与管理 (5) 履行依法约定的其他义务

相关链接

《招标投标法》第十三条规定,招标代理机构应当具备下列条件:有从事招标代理业务的营业场所和相应资金;有能够编制招标文件和组织评标的相应专业力量。

特别提示

招标人与招标代理机构是委托与被委托关系,招标人应当与被委托的招标代理机构签订书面委托合同,合同约定的收费标准应当符合国家有关规定,且招标代理机构的行为后果由招标人承担。

招标代理机构在招标人委托的范围内开展招标代理业务,任何单位和个人不得非法干涉。

招标代理机构不得在所代理的招标项目中投标或者代理投标,也不得为所代理的招标项目的投标人提供咨询。

招标代理机构及其从业人员应当依法依规、诚信自律经营,严禁采取行贿、提供回扣或者输送不正当利益等非法手段承揽业务;对于招标人、投标人、评标专家等提出的违法要求应当坚决抵制、及时劝阻,不得背离职业道德无原则附和;不得泄露应当保密的与招标投标活动有关的情况和资料;不得以营利为目的收取高额的招标文件等资料费用;招标代理活动结束后,及时向招标人提交全套招标档案资料,不得篡改、损毁、伪造或擅自销毁;不得与招标人、投标人、评标专家、交易平台运行服务机构等串通损害国家利益、社会公共利益和招标投标活动当事人合法权益。

3. 投标人

投标人是响应招标、参加投标竞争的法人或者其他组织。投标人享有的权利和应履行的义务见表1-6。

表1-6　投标人的权利与义务

投标人的义务	投标人的权利
(1) 平等地获得并利用招标信息 (2) 按照招标文件的要求自主投标 (3) 要求招标人或招标代理机构对招标文件中的有关问题进行答疑 (4) 投标截止日前有权改变投标或放弃投标 (5) 参加开标 (6) 质询、控告、检举招标过程中的违法违规行为	(1) 遵守法律法规、规章制度 (2) 保证所提供的投标文件的真实性 (3) 提供投标保证金或其他形式的担保 (4) 对投标文件中的有关问题进行澄清和答疑 (5) 中标后与招标人签订承包合同并履行合同,未经招标人同意不得转让或分包合同 (6) 接受招标投标管理机构的监督与管理 (7) 履行依法约定的其他义务

特别提示

《招标投标法实施条例》规定,投标人参加依法必须进行招标的项目的投标,不受地区或者部门的限制,任何单位和个人不得非法干涉。

与招标人存在利害关系可能影响招标公正性的法人、其他组织或者个人,不得参加投标。单位负责人为同一人或者存在控股、管理关系的不同单位,不得参加同一标段投标或者未划分标段的同一招标项目投标。违反以上规定的,相关投标均无效。

投标人应当严格遵守有关法律法规和行业标准规范,依法诚信参加投标,自觉维护公平竞争秩序。不得通过受让、租借或者挂靠资质投标;不得伪造、变造资质、资格证书或者其他许可证件,提供虚假业绩、奖项、项目负责人等材料,或者以其他方式弄虚作假投标;不得与招标人、招标代理机构或其他投标人串通投标;不得与评标委员会成员私下接触,或向招标人、招标代理机构、交易平台运行服务机构、评标委员会成员、行政监督部门人员等行贿谋取中标;不得恶意提出异议、投诉或者举报,干扰正常招标投标活动。中标人不得无正当理由不与招标人订立合同,在签订合同时向招标人提出附加条件,不按照招标文件要求提交履约保证金或履约保函,或者将中标项目转包、违法分包。

4. 政府监督部门

1) 行政监督的职责分工

在我国,由于实行招标投标的领域较广,有的专业性较强,涉及部门较多,目前还不能由一个部门统一监管,只能根据不同项目的特点,由有关部门在各自职权范围内分别负责监督。

(1) 协调监督部门。国务院指定发改委指导和协调全国招投标工作,具体职责包括:会同有关行政主管部门拟定《招标投标法》配套的法规、综合性政策和必须进行招标的项目的具体范围、规模标准,以及不适宜进行招标的项目,报国务院批准;指定发布招标公告的报刊、信息网络或其他媒介。

(2) 行政监督部门。住房和城乡建设部、工业和信息化部、交通运输部等部门,按照规定的职责分工对有关招标投标活动实施监督。

建设工程招投标实行分级属地管理,省、市、县三级建设行政主管部门对所辖行政区内的建设工程招标投标分级管理。建设工程招标投标监管机关是指政府或政府主管部门批准设立的隶属于同级建设行政主管部门的省、市、县建设工程招投标办公室。

(3) 其他相关部门。财政部门对依法实行招投标的政府采购工程建设项目的预算执行情况实施监督;监察机关依法对招标投标活动有关的监察对象实施监督;审计部门对政府投资和以政府投资为主的建设项目,以及国际组织和外国援助、贷款项目进行审计监督。

2) 招投标行政监督机构的监管对象

招标人、投标人、招标代理机构及有关责任人员、评标委员会成员等主体的招标投标行为均属于行政监督的对象。

3) 招投标行政监督机构监管的内容

(1) 核准招标内容。

(2) 接受自行招标备案。

(3) 对招标投标从业人员进行管理。

(4) 指定发布依法必须进行招标项目招标公告的媒体。

(5) 对评标专家的确定方式、抽取和评标活动进行监督。

(6) 接受依法必须招标投标情况的报告。

(7) 受理投诉。

4) 招投标行政监督机构的监管方式

行政监督方式包括行政审批、核准、备案、受理投诉、行政稽查、督察、行政处罚、行政处分或移送司法审查等。

单 元 小 结

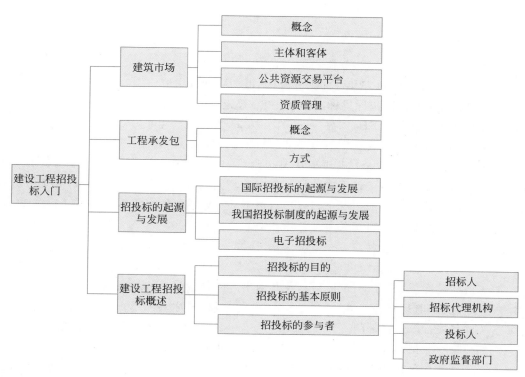

【学习笔记】

思考与练习

一、单项选择题

1. 改革开放以来,建筑市场的市场主体是( )。

    A. 发包方

    B. 承包方

    C. 中介服务方

    D. 由发包方、承包方和咨询服务机构、市场管理方组成

2. 《中华人民共和国招标投标法》自( )起施行。

    A. 1999 年 8 月 30 日   B. 2000 年 1 月 1 日

    C. 2001 年 1 月 1 日   D. 2001 年 12 月 1 日

3. 一个建设项目建设全过程或其中某个阶段的全部工作,由一个承包单位负责组织实施。这个承包单位可以将若干专业性工作交给不同的专业承包单位去完成,并统一协调和监督它们的工作。在一般情况下,建设单位(业主)仅与这个承包单位发生交接关系,而不与各专业承包单位发生直接关系。该承包方式称为( )。

    A. 分承包   B. 总承包

    C. 阶段承包   D. 专项承包

4. 《招标投标法》规定,招投标活动及其当事人应当接受( )实施的监督。

    A. 纪检、监察机关   B. 招标人

    C. 有关行政监督部门   D. 公证机关

5. 下列关于《招标投标法》适用范围的说法中,正确的是( )。

    A. 使用国际组织贷款的项目也适用

    B. 只适用于我国境内进行的工程建设项目的招标投标活动

    C. 适用于我国境内进行的招标投标活动

    D. 适用于境外进行的招标投标活动

6. ( )是按商定的总价承包工程项目。它的特点是以施工图纸及工程说明书为依据,明确承包内容和计算报价,并一次包死。在执行过程中,承包人一般不得要求变更承包价,除非发包人要求变更原定的承包内容。

    A. 计量估价合同   B. 固定总价合同

    C. 单价合同   D. 成本加固定百分比合同

7. 招标投标制度最早起源于( )。

    A. 美国   B. 英国   C. 德国   D. 日本

8. 我国指导和协调全国招标投标工作的部门是( )。

    A. 发改委   B. 住房和城乡建设部

    C. 财政部   D. 监察部

9. 关于分包工程的说法,正确的是( )。

    A. 分包工程承包人在提供分包工程履约担保后,不得要求分包工程发包人提供分包工程付款担保

    B. 中标人可以自行决定将中标项目的部分非主体、非关键性工作分包给他人完成

    C. 中标人和分包人就分包项目向招标人根据各自过错承担相应的责任

    D. 施工总承包的建筑工程主体结构的施工必须由总承包单位完成

10. 下列选项属于建筑市场有形建筑产品的是(　　　)。

    A. 设计服务　　　　　　　　　　　B. 造价咨询服务

    C. 厂房　　　　　　　　　　　　　D. 监理服务

11. 当工程分包时,分包单位按照分包合同的约定对(　　　)负责。

    A. 设计单位　　　　　　　　　　　B. 建设单位

    C. 总包单位　　　　　　　　　　　D. 监理单位

二、多项选择题

1. 招标投标活动应当遵循(　　　)的原则。

    A. 公开　　　　　　B. 公平　　　　　　C. 公正

    D. 诚实信用　　　　E. 道德守则

2. 按照《招标投标法》的要求,招标人如果自行办理招标事宜,应具备的条件包括(　　　)。

    A. 有编制招标文件的能力　　　　　B. 已发布招标公告

    C. 具有开标场地　　　　　　　　　D. 有组织评标的能力

    E. 已委托公证机关公证

3. 下列体现《招标投标法》公平原则的是(　　　)。

    A. 招标人不得以不合理的条件限制或者排斥潜在投标人,不得对潜在投标人实行歧视待遇

    B. 招标人不得限制投标人之间的竞争,所有投标人都有权参加开标会

    C. 所有在投标截止时间前收到的投标文件都应当在开标时当众拆封、宣读

    D. 投标方不得相互串通投标报价,不得排斥其他投标人的公平竞争,损害招标人或者其他投标人的合法权益

    E. 评标时招标人可以根据不同地区投标者的情况,制订不同的业绩加分条件

4. 下列属于招标人的义务的是(　　　)。

    A. 委托招标代理机构进行招标,向招标代理机构提供所需资料并支付委托费用

    B. 合理编制招标文件

    C. 按照法律法规的要求在招标文件中公开标底

    D. 保证所提供的投标文件的真实性

5. 招投标的特性有(　　　)。

    A. 多次性　　　　　　B. 一次性　　　　　　C. 竞争性

    D. 指令性　　　　　　E. 程序性

三、简答题

1. 建筑市场的主体有哪些?

2. 招投标制度的基本原则是什么?

_____

_____

_____

_____

_____

四、案例分析题

甲建筑公司中标了某大型建设项目的桩基工程施工任务,但该公司拿到桩基工程后,由于施工力量不足,就将该工程全部转交给了具有桩基施工资质的乙公司。双方还签订了《桩基工程施工合同》,就合同单价、暂定总价、工期、质量、付款方式、结算方式及违约责任等做了约定。在签订合同后,乙公司组织实施并完成了该桩基工程施工任务。建设单位在组织竣工验收时,发现有部分桩基工程质量不符合规定的质量标准,便要求甲公司负责返工、修理,并赔偿因此造成的损失。但甲公司以该桩基工程已交由乙公司施工为由,拒不承担任何赔偿责任。

问题:

(1)甲公司在该桩基工程的承包活动中有何违法行为?

_____

_____

_____

_____

(2)甲公司是否应对该桩基工程的质量问题承担赔偿责任?

_____

_____

_____

_____

_____

五、实训题

参观本地公共资源交易中心,建立起对建设工程等公共资源交易场所的感性认识,并完成参观调研报告。

_____

_____

_____

_____

单元 2 建设工程施工招标

教学目标

1. 了解招标的条件、范围、方式及组织形式；熟悉招标文件的组成内容及编制。
2. 了解资格审查的意义；理解现场踏勘的意义；掌握发售标书的时间要求；掌握标前会议的意义与内容；掌握《标准施工招标资格预审文件》《标准施工招标文件》的内容和组成。

教学要求

能 力 目 标	知 识 要 点	权 重
能准确判断某工程项目是否需要招标	法定招标的范围和规模	20%
能准确判断某工程是否具备招标条件并选择合适的招标方式	招标条件和招标方式	20%
能编制资格预审公告及资格预审文件	资格预审文件编制	10%
能结合实际工程项目组织进行施工招标	招标组织	20%
能编制招标文件	招标文件编制	30%

模块 2.1 工程招标方式、类型与招标范围

【案例 2-1】 ××市档案局档案馆建设项目,项目总投资 9 884 万元,项目总建筑面积为 15 965 m²,由××发改投〔2021〕×××号文件批准建设。××市档案局委托××招标代理有限公司组织招标投标事宜,于 2023 年 1 月向三个具备房屋建筑工程施工总承包二级资质且资信良好的建筑企业 A、B、C 发出了招标邀请,三家公司均表示接受邀请。

【问题】

(1) 招标方式有哪几种? 本项目采用了哪种招标方式?

(2) 招标代理机构应该具备哪些条件?

(3) 招标代理机构采用的招标方式是否合法合规?

2.1.1 工程招标方式

《招标投标法》规定,招标分为公开招标和邀请招标。

1. 公开招标

公开招标又称为无限竞争性招标，是一种由招标人按照法定程序，以招标公告的方式邀请不特定的法人或者其他组织投标，并通过国家指定的报刊、广播电视及信息网络等媒介发布招标公告，有意的投标人均可参加资格审查，合格的投标人可购买招标文件，参加投标的招标方式。

2. 邀请招标

邀请招标又称为有限竞争性招标，是指招标人以投标邀请书的方式邀请特定的法人或者其他组织投标。这种方式不发布公告，招标人根据自己的经验和所掌握的各种信息资料，向有承担该项工程施工能力的 3 个以上（含 3 个）承包商发出投标邀请书，收到邀请书的单位才有资格参加投标。公开招标与邀请招标的对比见表 2-1。

表 2-1　公开招标与邀请招标的对比

比较因素	招标方式	
	公 开 招 标	邀 请 招 标
适用条件	适用范围广，大多数招标项目可以采用，项目规模较大、技术复杂且潜在投标人不清楚的项目尤为适用	适用于受项目需求、条件和市场供应限制，只有少量潜在投标人可供选择的招标项目，或者拟采用公开招标的费用占合同金额比例过大的项目
竞争程度	属无限竞争性招标方式，投标人之间相互竞争比较充分	属有限竞争性招标方式，投标人之间的竞争受到一定限制
招标成本	招标时间、成本费用和社会资源消耗相对较大	招标时间、成本费用和社会资源消耗相对较少
信息发布	招标人在指定媒介发布招标公告向不特定的对象发出投标邀请	招标人以投标邀请书的方式向特定的对象发出投标邀请
优点	信息公开、投标人较多、竞争开放充分，不容易串标、围标，有利于招标人从广泛的竞争者中确定合适的中标人	投标人资格能力和价值目标相近且相对比较重视，竞争力量均衡，可通过科学的评标标准和方法实现需求目标，招标工作量和招标费用相对较小
缺点	投标人数量相对较多，但投标人可能资格、能力和价值目标参差不齐，影响评标的客观合理性，招标工作量和成本费用相对较大、时间较长	投标人数量相对较少，竞争开放度相对较弱；受招标人在选择邀请对象前所掌握信息的局限性，有可能中标的并不是最合适的投标人，投标竞争不足

 相关链接：工程项目招标方式的选择

《招标投标法》第十一条规定："国务院发展计划部门确定的国家重点项目和省、自治区、直辖市人民政府确定的地方重点项目不适宜公开招标的，经国务院发展计划部门或者省、自治区、直辖市人民政府批准，可以进行邀请招标。"

《招标投标法实施条例》第八条规定："国有资金占控股或者主导地位的依法必须进行招标的项目，应当公开招标。但有下列情形之一的，可以邀请招标：技术复杂、有特殊要求或者受自然环境限制，只有少量潜在投标人可供选择；采用公开招标方式的费用占项目合同金额的比例过大。"

同时,《招标投标法实施条例》第七条规定:"按照国家有关规定需要履行项目审批、核准手续的依法必须进行招标的项目,其招标范围、招标方式、招标组织形式应当报项目审批、核准部门审批、核准。项目审批、核准部门应当及时将审批、核准确定的招标范围、招标方式、招标组织形式通报有关行政监督部门。"

因此,邀请招标不仅要符合法律法规所规定的情形,还需要得到相关部门的审批认定。

【案例2-2】 ××市有一轻轨工程将要施工,因该工程技术复杂,建设单位决定采用邀请招标,共邀请A、B、C三家国有特级施工企业参加投标。为节约招标费用,决定自行组织招标事宜。

【问题】

(1)该项目是否必须招标?

(2)是否可以邀请招标?

2.1.2 工程招标的类型

1. 招标的分类

招标按照市场的开放和竞争程度可分为公开招标和邀请招标;按照市场竞争开放的地域范围可分为国内招标和国际招标;按照招标组织实施方式可分为集中招标和分散招标;按照招标组织形式,分为自行招标和委托招标;按照交易信息的载体形式可分为纸质招标和电子招标;按照招标项目需求形式,可分为一阶段招标和两阶段招标。

 知识链接

对技术复杂或者无法精确拟定技术规格的项目,招标人可以分两阶段进行招标。第一阶段,投标人按照招标公告或者投标邀请书的要求提交不带报价的技术建议,招标人根据投标人提交的技术建议确定技术标准和要求,编制招标文件。第二阶段,招标人向在第一阶段提交技术建议的投标人提供招标文件,投标人按照招标文件的要求提交包括最终技术方案和投标报价的投标文件。

特别提示

招标人要求投标人提交投标保证金的,应当在第二阶段提出。

2. 工程招标的分类

按照工程建设程序分类,建设工程招标可分为建设工程可行性研究招标、建设工程勘察设计招标、建设工程施工招标。

按照工程的承发包的范围分类,可分为工程总承包招标、工程分承包招标、工程专项承包招标。

按照行业业务性质分类,可分为建设工程勘察设计招标、设备安装招标、土建施工招标、建筑装饰招标、货物采购招标、工程咨询和建设监理招标。

2.1.3 工程招标的范围

1. 强制招标的工程范围

《招标投标法》第三条规定,在中华人民共和国境内进行下列工程建设项目包括项目的勘察、设计、施工、监理以及与工程建设有关的重要设备、材料等的采购,必须进行招标。

(1) 大型基础设施、公用事业等关系社会公共利益、公众安全的项目。

(2) 全部或者部分使用国有资金投资或者国家融资的项目。

(3) 使用国际组织或者外国政府贷款、援助资金的项目。

前款所列项目的具体范围和规模标准,由国务院发展计划部门会同国务院有关部门制订,报国务院批准。

2018年3月27日,国家发改委会同国务院有关部门制定了《必须招标的工程项目规定》,报国务院批准后印发,2018年6月1日起正式实施。具体内容见表2-2。

表 2-2 必须招标的工程项目规定

序号	范 围	具 体 内 容
1	全部或者部分使用国有资金投资或者国家融资的项目	使用预算资金在200万元人民币以上,并且该资金占投资额10%以上的项目;使用国有企业事业单位资金,并且该资金占控股或者主导地位的项目
2	使用国际组织或者外国政府贷款、援助资金的项目	使用世界银行、亚洲开发银行等国际组织贷款、援助资金的项目;使用外国政府及其机构贷款、援助资金的项目
3	不属于1、2两种情形的大型基础设施、公用事业等关系社会公共利益、公众安全的项目	必须招标的具体范围由国务院发展改革部门会同国务院有关部门按照确有必要、严格限定的原则制订,报国务院批准

2. 强制招标工程的规模

根据《必须招标的工程项目规定》,表2-2中规定范围内的项目,其勘察、设计、施工、监理以及与工程建设有关的重要设备、材料等的采购达到下列标准之一的,必须招标。

(1) 施工单项合同估算价在400万元人民币以上。

(2) 重要设备、材料等货物的采购,单项合同估算价在200万元人民币以上。

(3) 勘察、设计、监理等服务的采购,单项合同估算价在100万元人民币以上。同一项目中可以合并进行的勘察、设计、施工、监理以及与工程建设有关的重要设备、材料等的采购,合同估算价合计达到前款规定标准的,必须招标。

【案例2-3】 ××市某重点中学2021年由市发改委批准立项综合教学楼建设工程,建筑面积8000m²,投资4000万元,项目2022年5月开工。此项目中,施工单位由业主经市政府和主管部门批准不招标,奖励给某建工集团承建,双方直接签订了施工合同。

【问题】

(1) 该重点中学的综合楼施工合同是否有效?

(2) 不招标的做法是否合法合规?

3. 可以不进行招标的项目范围

《招标投标法》第六十六条规定："涉及国家安全、国家秘密、抢险救灾或者属于利用扶贫资金实行以工代赈、需要使用农民工等特殊情况,不适宜进行招标的项目,按照国家有关规定可以不进行招标。"

《招标投标法实施条例》第九条规定："有下列情形之一的,可以不进行招标:需要采用不可替代的专利或者专有技术;采购人依法能够自行建设、生产或者提供;已通过招标方式选定的特许经营项目投资人依法能够自行建设、生产或者提供;需要向原中标人采购工程、货物或者服务,否则将影响施工或者功能配套要求;国家规定的其他特殊情形。"

《工程建设项目施工招标投标办法》第十二条规定："依法必须进行施工招标的工程建设项目有下列情形之一的,可以不进行施工招标:涉及国家安全、国家秘密、抢险救灾或者属于利用扶贫资金实行以工代赈需要使用农民工等特殊情况,不适宜进行招标;施工主要技术采用不可替代的专利或者专有技术;已通过招标方式选定的特许经营项目投资人依法能够自行建设;采购人依法能够自行建设;在建工程追加的附属小型工程或者主体加层工程,原中标人仍具备承包能力,并且其他人承担将影响施工或者功能配套要求;国家规定的其他情形。"

> **特别提示**
>
> 依法经项目审批、核准部门确定的招标范围、招标方式、招标组织形式,未经批准不得随意变更。
>
> 依法必须招标项目拟不进行招标的、依法应当公开招标的项目拟邀请招标的,必须符合法律法规规定情形并履行规定程序;除涉及国家秘密或者商业秘密的外,应当在实施采购前公示具体理由和法律法规依据。
>
> 不得以肢解发包、化整为零、招小送大、设定不合理的暂估价或者通过虚构涉密项目、应急项目等形式规避招标;不得以战略合作、招商引资等理由搞"明招暗定""先建后招"的虚假招标;不得通过集体决策、会议纪要、函复意见、备忘录等方式将依法必须招标项目转为采用谈判、询比、竞价或者直接采购等非招标方式。
>
> 对于涉及应急抢险救灾、疫情防控等紧急情况,以及重大工程建设项目经批准增加的少量建设内容,可以按照《招标投标法》第六十六条和《招标投标法实施条例》第九条规定不进行招标,同时强化项目单位在资金使用、质量安全等方面的责任。
>
> 不得随意改变法定招标程序;不得采用抽签、摇号、抓阄等违规方式直接选择投标人、中标候选人或中标人。

 拓展阅读

（1）发改委在官方网站对有关必须招标工程范围和招标投标行业中的疑难问题的集中答复。

（2）发改委等部门关于完善招标投标交易担保制度进一步降低招标投标交易成本的通知。

拓展阅读

模块 2.2　工程施工招标准备与策划

2.2.1　工程招标准备

1. 落实建设工程项目施工招标条件

根据《工程建设项目施工招标投标办法》，依法必须招标的工程建设项目，应具备下列条件才能进行施工招标。

(1) 招标人已经依法成立。

(2) 初步设计及概算应当履行审批手续的，已经批准。

(3) 有相应资金或资金来源已经落实。

(4) 有招标所需的设计图纸及技术资料。

上述规定的主要目的在于促使建设单位严格按照基本建设程序办事，防止发生"三边"(边勘测、边设计、边施工)工程，并确保工程项目施工招标工作的顺利进行。

2. 组建招标项目团队

招标活动本身需要耗费一定的工作资源，应当合理配备专业力量，组建招标项目团队。项目团队应当配备项目负责、招标师、工作质量控制等相关职位的专业人员，并应按照整个招标工作任务和工作目标，分解每个员工的工作职责和权限。

2.2.2　工程招标策划

工程项目施工招标方案的策划应当科学合理，具有可操作性和可行性，能够有效指导项目招标工作的组织与实施。

1. 确定项目概况、项目特征与需求

1) 项目概况

项目概况主要包括项目名称、招标人、项目投资、用途、规模标准、质量标准、进度计划等项目概况，施工招标项目的内容范围、招标实施条件，施工质量、进度、投资、环保、安全等基本要求。

2) 项目特征与需求

工程施工招标项目的特征和需求包括项目基本特征、投资性质、工程的管理和承包方式、工程内部构造和外部条件、工程的专业和规模等内容。

2. 确定招标范围、条件、招标方式

通过上一阶段的学习，我们能够准确判断某工程是否具备招标条件；能够判断该工程是否属于必须招标的工程范围；能够根据公开招标和邀请招标的条件为工程项目选择合适的招标方式；能够对招标人是自行招标还是委托招标代理机构招标进行选择。作出恰当的选择之后，应该根据项目概况填写招标方式登记表(见表 2-3)和招标人自行招标条件备案表(见表 2-4)进行备案。

表2-3 招标方式登记表

项目编号： 日期： 年 月 日

概况	招标人				
	工程名称				
招标类别		□施工		□监理	□设备
招标方式	经项目审批部门核准	审批部门			
		招标方式		□公开	□邀请
		核准文号			
	无须经项目审批部门核准	拟选招标方式		□公开	□邀请
经办人	签 字			联系电话	
	经办人所属单位				

说明：①本表由招标人或招标代理机构填写，一式两份，招标办一份，招标人一份；②项目审批部门核准的招标方式文件或关于招标方式的审批材料附表后；③经办人需附法人委托函件。

表2-4 招标人自行招标条件备案表

项目编号： 日期： 年 月 日

招标工程概况	招标人			法人代表		
	单位地址			单位性质		
	工程名称			建设规模		m²
	建设地址			结构形式		
	层数	地上	层	檐高		m
		地下	层	跨(高)度		m
	道路里程	km	管线直径	mm	桥梁座数	座
	工程项目的补充描述					
投资立项文号			投资总额及来源			
规划许可证文号			设计出图情况			
招标范围						
招标类别		□施工		□监理	□设备	
自行招标	经项目审批部门核准	审批部门				
		是否核准自行招标		□是		□否
		核准文号				
	无须经项目审批部门核准	招标人条件（□内打√或×）	1. 项目法人资格			□具备
			2. 专业技术力量			□具备
			3. 同类项目招标经验			□具备
			4. 招标机构、业务人员			□具备
			5. 熟悉和掌握招投标法规			□具备
经办人	签字			联系电话		
法人单位盖章						

说明：①本表由招标人填写，一式两份，招标办一份，招标人一份；②招标设备概况见"设备招标清单"；③项目审批部门核准的自行招标文件或招标人具备的条件证明材料附表后；④经办人需附法人委托函件。

特 别 提 示

　　招标人在选择招标代理机构、编制招标文件、在统一的公共资源交易平台体系内选择电子交易系统和交易场所、组建评标委员会、委派代表参加评标、确定中标人、签订合同等方面依法享有自主权。

　　任何单位和个人不得以任何方式为招标人指定招标代理机构，不得违法限定招标人选择招标代理机构的方式，不得强制具有自行招标能力的招标人委托招标代理机构办理招标事宜。任何单位不得设定没有法律、行政法规依据的招标文件审查等前置审批或审核环节。对实行电子招标投标的项目，取消招标文件备案或者实行网上办理。

　　3. 合理划分项目标段

　　标段划分是指招标人在充分考虑合同规模、技术标准规格分类要求、潜在投标人状况，以及合同履行期限等因素的基础上，将一项工程、服务或者一个批次的货物拆分成若干个合同进行招标的行为。标段的划分是招标准备的核心工作内容。

　　标段划分多，能吸引更多的承包人参与投标，中标价格较低，但承包商之间相互干扰且协调难度较大，增加了业主管理上的难度，招标和评标工作量大；标段划分少，虽然合同关系简单、易于管理，但有能力参与竞争的投标人较少，中标价格可能会偏高。

　　因此，应当在充分考虑项目特点、施工内容的专业要求、各标段之间的协调难度、招标人的协调管理能力的情况下，合理划分标段。

特 别 提 示

　　招标人应当依法、合理地确定项目招标内容及标段规模，不得通过细分标段、分期实施、化整为零的方式规避招标、限制或者排斥潜在投标人。

　　工程施工划分标段的一般原则是：在满足现场管理和工程进度需求的条件下，以能独立发挥作用的永久工程为标段划分单位；专业相同、考核业绩相同的项目，可以划分为一个标段。

 相关链接

　　《招标投标法实施条例》第二十四条规定："招标人对招标项目划分标段的，应当遵守招标投标法的有关规定，不得利用划分标段限制或者排斥潜在投标人。依法必须进行招标的项目的招标人不得利用划分标段规避招标。"

　　《工程建设项目施工招标投标办法》第二十七条规定："施工招标项目需要划分标段、确定工期的，招标人应当合理划分标段、确定工期，并在招标文件中载明。对工程技术上紧密相连、不可分割的单位工程不得分割标段。"

　　4. 确定投标人的资格条件

　　应根据施工招标项目的内容范围、功能用途、标准规模、项目需求和技术管理特点以及资质标准规定的工程承包范围，结合市场竞争情况合理设定投标人资质条件。

特别提示

招标文件中资质、业绩等投标人资格条件要求和评标标准应当以符合项目具体特点和满足实际需要为限度审慎设置,不得通过设置不合理条件排斥或者限制潜在投标人。

依法必须招标项目不得提出注册地址、所有制性质、市场占有率、特定行政区域或者特定行业业绩、取得非强制资质认证、设立本地分支机构、本地缴纳税收社保等要求,不得套用特定生产供应者的条件设定投标人资格、技术、商务条件。严禁设置投标报名等没有法律法规依据的前置环节。

5. 确定招标顺序

根据工程施工总体进度顺序确定工程招标顺序:施工准备工程在前,主体工程在后;制约工期关键线路的工程在前,施工时间比较短的工程在后;土建工程在前,设备安装在后;结构工程在先,装饰工程在后;制约后续的工程在前,紧前的工程在后;工程施工在前,工程货物采购在后,但部分主要设备采购应在工程施工之前招标,以便据此确定工程设计或施工的技术参数。工程招标的实际顺序应根据工程施工的特点、条件和需要安排确定。

6. 编制招标工作进度计划

施工招标工作进度计划应该依据招标项目的特点、招标条件、工程建设程序和总体进度计划、招标人的需求、招标必需的时间及顺序编制,包括招标工作的专业性与规范性要求以及招标各阶段工作内容、工作时间和完成日期等目标要求。招标工作进度计划可以以表格、横道图或网络图的形式展现。招标工作时间安排需特别注意法律法规对某些工作时间的强制性要求,并应充分考虑各项工作衔接对进度的影响因素。

2.2.3 工程招标前期工作

1. 工程报建

根据《工程建设项目报建管理办法》的规定,凡在我国境内投资兴建的工程建设项目,都必须执行报建制度,接受当地建设行政主管部门或其授权机构的监督管理。工程建设项目报建表见表2-5。

表2-5 工程建设项目报建表

建设单位			单位性质	
工程名称				
工程地点				
投资总额			当年投资	
资金来源构成		政府投资 %;自筹 %;贷款 %;外资 %		
批准资料	立项文件名			
	文号			

续表

工程规模			
计划开工日期		计划竣工日期	
发包方式			
银行资信证明			
工程筹建情况：		建设行政主管部门批准意见：	

报建单位：

法定代表人：　　　　　经办人：　　　　　电话：

填报日期：　　年　月　日

　　建设工程项目报建是建设单位进行招标活动的前提,报建的工程建设项目包括：各类房屋建筑,土木工程设备安装,管道线路敷设,装饰装修等固定资产投资的新建、扩建、改建以及技改等。

　　建设项目的报建内容主要包括：工程名称、建设地点、投资规模、资金来源、当年投资额、工程规模、开竣工日期、发包方式和工程筹建情况等。

> **特别提示**
>
> 　　建设项目报建程序如下。
>
> 　　(1)建设单位到建设行政主管部门或其授权机构领取《工程建设项目报建表》。
>
> 　　(2)按报建表的内容及要求认真填写。
>
> 　　(3)有上级主管部门的需经其批准同意后,一并报送建设行政主管部门,并按要求进行招标准备。
>
> 　　(4)工程建设项目的投资和建设规模有变化时,建设单位应及时到建设行政主管部门或其授权机构进行补充登记。筹建负责人变更时,应重新登记。
>
> 　　凡未报建的工程建设项目,不得办理招投标手续和发放施工许可证,设计、施工单位不得承接该项工程的设计及施工任务。

2. 招标申请与备案

　　由招标人填写建设工程招标申请表,并经上级主管部门批准后,连同工程建设项目报建审查登记表报招标管理机构审批。

　　申请表的主要内容包括：工程名称、建设地点、招标建设规模、结构类型、招标范围、招标方式、要求企业等级、前期施工准备情况(土地征用、拆迁情况、勘察设计情况、施工现场条件等)、招标机构组织情况等。

> **特别提示**
>
> 　　招标人自行办理招标的,招标人在发布招标公告或投标邀请书5日前,应向建设行政主管部门办理招标备案。建设行政主管部门自收到备案资料之日起5个工作日内没有异议的,招标人可以发布招标公告或投标邀请书;不具备招标条件的,责令其停止办理招标事宜。

办理招标备案应提交的材料主要有下列三项。

（1）招标人自行招标条件备案表。

（2）专门的招标组织机构和专职招标业务人员证明材料。

（3）专业技术人员名单、职称证书或执业资格证书及其工作经历的证明材料。

模块 2.3 工程施工招标资格审查文件的编制

2.3.1 资格审查概述

1. 资格预审与资格后审

资格审查分为资格预审和资格后审。

资格预审是指招标人在发放招标文件前，对报名参加投标的申请人的承包能力、业绩、资格和资质、历史工程情况、财务状况和信誉等进行审查，以确定投标人是否具备承担并完成工程项目的能力，是否可以参加下一步的投标。

资格后审是针对已购买招标文件的投标人的，这些投标人都已具备了完成工程项目的基本资质。资格后审是在开标之后进行的，评标委员会对投标人能否胜任工程、机构是否健全、有无类似工程经历、人员是否合格、机械设备是否适用、资金是否足够周转等方面作实质性的审核。

特别提示

资格预审可以减少评标阶段的工作量、缩短评标时间、减少评审费用、避免不合格的投标人浪费不必要的投标费用，但因为设置了招标资格预审环节，所以延长了招标投标的过程，增加了招标投标双方资格预审的费用。因此，资格预审比较适合于技术难度较大或投标文件编制费用较高，且潜在投标人数量较多的招标项目。通过资格预审的申请人少于3个的，应当重新招标。

资格后审是在开标后对投标人进行的资格审查。资格后审是由评标委员会负责，与评标一并进行的。对资格后审不合格的投标人，评标委员会应当否决其投标，不再进行详细评审。

2. 资格审查的内容

无论采用资格预审还是资格后审，都要审查投标申请人是否符合下列条件。

（1）是否具有独立订立合同的权利。

（2）是否具有履行合同的能力，包括专业、技术资格和能力，资金、设备及其他物质设施状况，管理能力，经验、信誉与相应的从业人员。

（3）是否处于被责令停业，投标资格被取消，财产被接管、冻结、破产状态。

（4）在最近3年内有无骗取中标和严重违约及重大工程质量问题。

（5）法律、行政法规规定的其他资格条件。根据《工程建设项目施工招标投标办法》，这5方面的内容构成了施工招标资格审查因素。

3. 资格预审的程序

1）编制资格预审文件

资格预审文件分为资格预审须知和预审表两部分。资格预审须知内容包括工程概况和工作范围介绍，对投标人的基本要求和指导投标人填写资格预审文件的有关说明。资格预审表列出对潜在投标人资质条件、实施能力、技术水平、商业信誉等方面需要了解的内容，是以应答形式给出的调查文件。资格预审表开列的内容要完整、全面，能反映潜在投标人的综合素质，应避免不具备条件的投标人承接项目的建设任务。资格预审中评定过的条件在评标时一般不再重复评定。

2）发布资格预审公告和发售资格预审文件

《招标投标法实施条例》规定，招标人应当按照资格预审公告规定的时间、地点发售资格预审文件。

申请参加投标竞争的潜在投标人都可以按资格预审公告规定的时间或地点（或指定的信息网络上下载）购买资格预审文件，并按要求填报后作为投标人的资格预审申请文件。

特别提示

> 资格预审文件的发售期不得少于5日。招标人发售资格预审文件的费用应当限于补偿印刷、邮寄的成本支出，不得以营利为目的。招标人应当合理确定提交资格预审申请文件的时间。依法必须进行招标的项目提交资格预审申请文件的时间，自资格预审文件停止发售之日起不得少于5日。

3）对潜在投标人资格的审查与评定

招标人在规定的时间内，按照资格预审文件中规定的标准和方法，对提交资格预审申请书的潜在投标人资格进行审查。

2.3.2 施工招标资格预审文件的组成与编制

根据国家发改委、原建设部、原信息产业部等9部门联合发布的《中华人民共和国标准施工招标资格预审文件》（后简称《标准施工招标资格预审文件》），资格预审文件的主要内容有：资格预审公告（对于需要进行资格预审的招标项目可发布"资格预审公告"以代替招标公告）、申请人须知、资格审查办法、资格预审申请文件格式、项目建设概况。

1. 资格预审公告的编制

依法必须招标项目的资格预审公告应当在"中国招标投标公共服务平台"发布。资格预审公告的一般格式见表2-6。

表2-6　资格预审公告(代招标公告)的一般格式

××市档案馆建设项目(项目名称)施工招标

资格预审公告(代招标公告)

1. 招标条件

本招标项目××市档案馆建设项目(项目名称)已由××市发展和改革委员会(项目审批、核准或备案机关名称)以××发改投〔2021〕×××号文件(批文名称及编号)批准建设,项目业主为××市档案局,建设资金来自自筹(资金来源),项目出资比例为100%,招标人为××市兴城置业有限公司。项目已具备招标条件,现进行公开招标,特邀请有兴趣的潜在投标人(以下称申请人)提出资格预审申请。

2. 项目概况与招标范围

2.1　项目名称:××市档案馆建设项目

2.2　建设地点:××区××乡××村,西临××号路,南临××东路

2.3　建设规模:项目总投资9 884万元,项目总建筑面积为15 965 m²,9+1层,其中地上建筑面积13 967 m²,地下建筑面积1 998 m²,框架结构。

2.4　工期要求:495天(日历日)

2.5　质量要求:符合《建筑工程质量统一验收标准》(GB 50300—2014)合格标准。

2.6　保修要求:按原建设部第80号令要求进行保修。

2.7　招标范围:××市档案馆建设项目土石方、基础工程、主体工程、水电、装修、消防、通风与空调、户外工程等具体按施工图及工程量清单中包含的全部内容(说明本次招标项目的建设地点、规模、计划工期、招标范围、标段划分等)。

3. 申请人资格要求

3.1　本次资格预审要求申请人具备房屋建筑工程施工总承包二级及以上资质(含二级资质),并在人员、设备、资金等方面具备相应的施工能力。

3.2　本次资格预审不接受(接受或不接受)联合体资格预审申请。

4. 资格预审方法

本次资格预审采用合格制(合格制/有限数量制)。

5. 资格预审文件的获取

5.1　请申请人于2022年1月10日至2022年1月15日(法定公休日、法定节假日除外),每日上午8时至12时,下午14时至17时(北京时间,下同),在××市建设工程交易中心(××市××区芙蓉路广电中心西侧××小区A栋2楼)(详细地址)持单位介绍信购买资格预审文件。

5.2　资格预审文件每套售价500元,售后不退。

5.3　邮购资格预审文件的,需另加手续费(含邮费)50元。招标人在收到单位介绍信和邮购款(含手续费)后2日内寄送。

6. 资格预审申请文件的递交

6.1　递交资格预审申请文件截止时间(申请截止时间,下同)为2022年2月10日9时00分,××市建设工程交易中心(××市××区××路××小区×栋×楼)。

6.2　逾期送达或者未送达指定地点的资格预审申请文件,招标人不予受理。

7. 发布公告的媒介

本次资格预审公告同时在××省招标投标监管网、××市建设工程信息网(发布公告的媒介名称)上发布。

8. 联系方式

招　标　人:××市兴城置业有限公司	招标代理机构:××招标代理有限责任公司
地　　　址:　××市××路11号	地　　　址:　××市××区××路289号
邮　　　编:　××××××	邮　　　编:　××××××

续表

联 系 人: ××××××	联 系 人: ××××××
电　　话: ××××××	电　　话: ××××××
传　　真: ××××××	传　　真: ××××××
电子邮件: ××××××	电子邮件: ××××××
网　　址: ××××××	网　　址: ××××××
开户银行: ××××××	开户银行: ××××××
账　　号: ××××××	账　　号: ××××××
	2022 年 1 月 9 日

2. 申请人须知的编制

申请人须知包括前附表和正文。申请人须知前附表的格式和内容如表 2-7 所示,正文内容略。

表 2-7　申请人须知前附表

条 款 号	条 款 名 称	编 列 内 容
1.1.2	招标人	招标人:××市××有限公司 联系人: 电话:137××××××××
1.1.3	招标代理机构	招标代理机构:××招标代理有限责任公司 地址:××市××区××路××号 联系人: 电话:(××××)5820×× 邮箱:××@qq.com
1.1.4	项目名称	××市档案馆建设项目
1.1.5	建设地点	××区××乡××村,西临××号路,南临××东路
1.2.1	资金来源	自筹
1.2.2	出资比例	100%
1.2.3	资金落实情况	已经落实
1.3.1	招标范围	××市档案馆建设项目设计图纸内容(详见招标文件人提供的工程量清单)
1.3.2	计划工期	计划工期:495 天(日历日) 计划开工日期:2022 年 5 月 1 日(具体以开工令为准) 有关工期的详细要求见《标准施工招标文件》技术标准和要求
1.3.3	质量要求	质量标准:符合《建筑工程质量统一验收标准》(GB 50300—2014)合格标准
1.4.1	申请人资质条件、能力和信誉	资质条件: (1)具有独立法人资格并依法取得企业营业执照,营业执照处于有效期;××省外企业按照××省住建厅×建〔2021〕×××号文件要求须具有有效的××施工登记证 (2)具备建设行政主管部门颁发的建筑工程施工总承包二级及以上资质,安全生产许可证处于有效期,并在人员、设备、资金等方面具备相应的施工能力 财务要求:不作资格条件

续表

条 款 号	条 款 名 称	编 列 内 容
1.4.1	申请人资质条件、能力和信誉	业绩要求：不作资格条件 信誉要求：在最近3年内无骗取中标的情形 项目负责人资格：具有建筑工程专业二级及以上建造师执业资格，具备有效的B类安全生产考核合格证书，且没有在建工程 单位负责人为同一人或者存在控股、管理关系的不同单位，不得参加本项目投标
1.4.2	是否接受联合体资格预审申请	☑不接受 □接受
2.2.1	申请人要求澄清资格预审文件的截止时间	2022年1月15日17时00分
2.2.2	招标人澄清资格预审文件的截止时间	2022年2月10日9时00分
2.2.3	申请人确认收到资格预审文件澄清的时间	2022年2月1日17时00分
2.3.1	招标人修改资格预审文件的截止时间	2022年1月28日17时00分
2.3.2	申请人确认收到资格预审文件修改的时间	2022年2月1日17时00分
3.1.1	申请人需补充的其他材料	
3.2.4	近年财务状况的年份要求	3年
3.2.5	近年完成的类似项目的年份要求	3年
3.2.7	近年发生的诉讼及仲裁情况的年份要求	3年
3.3.1	签字或盖章要求	无特殊要求
3.3.2	资格预审申请文件副本份数	2份
3.3.3	资格预审申请文件的装订要求	胶装
4.1.2	封套上写明	招标人地址 招标人名称 资格预审申请文件在2022年2月10日9时30分前不得开启
4.2.1	申请截止时间	2022年2月10日9时00分
4.2.2	递交资格预审申请文件的地点	地点：××市公共资源交易中心开标室 地址：××市××区××路××小区×栋×楼
4.2.3	是否退还资格预审申请文件	否
5.1.2	审查委员会人数	7人
5.2	资格审查方法	合格制
6.1	资格预审结果的通知时间	2022年2月28日
6.3	资格预审结果的确认时间	2022年3月5日
9		需要补充的其他内容

3. 资格审查办法

《标准施工招标资格预审文件》分别规定了合格制和有限数量制两种资格审查方法,供招标人根据招标项目具体特点和实际需要选择使用。如无特殊情况,鼓励招标人采用合格制。申请人须知前附表应按试行规定要求列明全部审查因素和审查标准,并在前附表及正文中标明申请人不满足其要求即不能通过资格预审的全部条款。

1)选择资格审查办法

资格预审的合格制和有限数量制两种办法,适用于不同的条件。

(1)合格制。在一般情况下,应采用合格制,凡符合资格预审文件规定资格条件标准的投标申请人,均可获得相应投标资格。

(2)有限数量制。当潜在投标人过多时,可采用有限数量制。招标人在资格预审文件中既应规定投标资格条件、标准和评审方法,又应明确通过资格预审的投标申请人数量。

特别提示

合格制的优点是投标竞争性强,有利于获得更优秀的投标人和投标方案;对满足资格条件的所有投标申请人公平、公正。其缺点是投标人可能较多,从而加大投标和评标工作量,浪费社会资源。

采用有限数量制一般有利于降低招标投标活动的社会综合成本,但在一定程度上可能限制了潜在投标人的范围。

2)审查标准

审查标准包括初步审查和详细审查的标准,以及采用有限数量制时的评分标准。

3)审查程序

审查程序包括资格预审申请文件的初步审查、详细审查、申请文件的澄清以及有限数量制的评分等内容和规则。

4)审查结果

审查委员会按照规定的程序对资格预审申请文件完成审查后,确定通过资格预审的申请人名单,并向招标人提交书面审查报告。通过详细审查申请人的数量不足 3 个的,招标人重新组织资格预审或不再组织资格预审而直接重新招标。

4. 资格预审申请文件格式

为了让资格预审申请人按统一的格式递交申请文件,在资格预审文件中按通过资格预审的条件编制统一的表格,让申请人填报,以便进行评审。《标准施工招标资格预审文件》中主要对以下文件格式作了统一的规定:资格预审申请函、法定代表人身份证明、授权委托书、联合体协议书(如有)、申请人基本情况表、近年财务状况表、近年完成的类似项目情况表、正在施工的和新承接的项目情况表、近年发生的诉讼及仲裁情况、其他材料。

5. 项目建设概况

主要内容包括:项目说明、建设条件、建设要求、其他需要说明的情况。

【案例 2-4】 ××市档案局档案馆建设项目,项目总投资 9 884 万元,项目总建筑面积为 15 965m²，由××发改投〔2021〕×××号文件批准建设。××市档案局委托××招标代理有限公司组织招标投标事宜。招标代理机构拟将整个建设项目作为一个标段发包，组织资格审查，但不接受联合体投标。

【问题】

（1）资格审查有哪些方法？怎样选择资格审查方法？确定了审查方法后，又有哪些办法进行资格审查？

（2）施工招标资格审查有哪几方面内容？这些审查内容怎样分解为审查因素？

 拓展阅读

房屋建筑和市政工程标准施工招标资格预审文件见下方二维码。

施工招标资格预审文件

模块 2.4　工程施工招标文件的编制

2.4.1　招标公告或投标邀请书的编制

《招标投标法》规定，招标人采用公开招标方式的，应当发布招标公告。招标人采用邀请招标方式的，应当向 3 个以上具备承担招标项目的能力、资信良好的特定的法人或者其他组织发出投标邀请书。两者都应当载明招标人的名称和地址，招标项目的性质、数量、实施地点和时间以及获取招标文件的办法等事项。

招标人采用公开招标方式的，招标人要在报纸、杂志、广播、电视、互联网等大众传媒或公共资源交易中心公告栏上发布招标公告。用于发布信息的媒体，应与潜在投标人的分布范围相适应。

特别提示

招标人可以根据招标项目本身的要求，在招标公告或者投标邀请书中，要求潜在投标人提供有关资质证明文件和业绩情况，并对潜在投标人进行资格审查。招标人不得以不合理的条件限制或者排斥潜在投标人，不得对潜在投标人实行歧视待遇。

依法必须招标项目的招标公告应当在"中国招标投标公共服务平台"或者项目所在地省级电子招标投标公共服务平台发布，应当使用国务院发展改革部门会同有关行政监督部门制订的标准文本。

依法必须招标项目的招标公告除在发布媒介发布外，招标人或其招标代理机构也可以同步在其他媒介公开，并确保内容一致。其他媒介可以依法全文转载依法必须招标项目的招标公告,但不得改变其内容,同时必须注明信息来源。

拟发布的招标公告文本应当由招标人或其招标代理机构盖章,并由主要负责人或其授权的项目负责人签名。采用数据电文形式的,应当按规定进行电子签名。

1. 招标公告的编制

招标公告应当载明以下内容。

(1)招标项目名称、内容、范围、规模、资金来源。

(2)投标资格能力要求,以及是否接受联合体投标。

(3)获取资格预审文件或招标文件的时间、方式。

(4)递交资格预审文件或投标文件的截止时间、方式。

(5)招标人及其招标代理机构的名称、地址、联系人及联系方式。

(6)采用电子招标投标方式的,潜在投标人访问电子招标投标交易平台的网址和方法。

(7)其他依法应当载明的内容。

 拓展阅读

国家发改委《招标公告和公示信息发布管理办法》见下方二维码。

《招标公告和公示信息发布管理办法》

招标公告的一般格式可参照表 2-6。

2. 投标邀请书的编制

投标邀请书(代资格预审通过通知书)示例见表 2-8。

表 2-8　投标邀请书示例

××市档案馆建设项目施工投标邀请书(代资格预审通过通知书)
××建筑工程总公司(被邀请单位名称):
你单位已通过资格预审,现邀请你单位按招标文件规定的内容,参加××市档案馆建设项目(项目名称)施工投标。
请于 2022 年 1 月 10 日至 2022 年 1 月 15 日(法定公休日、法定节假日除外),每日上午 8 时至 12 时,下午 14 时至 17 时(北京时间,下同),在××市建设工程交易中心(××市××区××路××小区×栋×楼)(详细地址)持单位介绍信购买招标文件。
招标文件每套售价为 500 元,售后不退。邮购招标文件的,需另加手续费(含邮费)50 元。招标人在收到邮购款(含手续费)后 2 日内寄送。
递交投标文件截止时间(申请截止时间,下同)为 2022 年 2 月 10 日 9 时 00 分,地点为××市建设工程交易中心(××市××区芙蓉路广电中心西侧××小区 A 栋 2 楼)。
逾期送达的或者未送达指定地点的投标文件,招标人不予受理。

续表

你单位收到本投标邀请书后,请于<u>2022 年 1 月 18 日</u>(具体时间)前以传真或快递方式予以确认。

招标人:	<u>××市 ×× 有限公司</u>	招标代理机构:	<u>××招标代理有限责任公司</u>
地　　址:	<u>××市××路 11 号</u>	地　　址:	<u>××专市××区××路××号</u>
邮　　编:	<u>××××××</u>	邮　　编:	<u>××××××</u>
联 系 人:	<u>××××××</u>	联 系 人:	<u>××××××</u>
电　　话:	<u>××××××</u>	电　　话:	<u>××××××</u>
传　　真:	<u>××××××</u>	传　　真:	<u>××××××</u>
电子邮件:	<u>××××××</u>	电子邮件:	<u>××××××</u>
网　　址:	<u>××××××</u>	网　　址:	<u>××××××</u>
开户银行:	<u>××××××</u>	开户银行:	<u>××××××</u>
账　　号:	<u>××××××</u>	账　　号:	<u>××××××</u>

<u>2022</u> 年 <u>1</u> 月 <u>9</u> 日

2.4.2　招标文件的组成与编制

1. 招标文件的组成

招标文件由正式文本及对正式文本的解释和修改组成。

1)招标文件的正式文本

招标文件的正式文本是由招标单位或其委托的咨询机构编制并发售的。它既是投标单位编制投标文件的依据,也是招标单位与将来中标单位签订施工合同的基础,招标文件中提出的各项要求,对整个招标工作乃至承发包双方都有约束力。

2)招标文件的解释

招标文件发售后,如果投标人对招标文件有不清楚之处,需要招标人澄清解释的,招标人应在规定的时间内做出书面解释,此解释作为招标文件的组成部分之一。

3)招标文件的修改

发售招标文件之后,在投标截止日期前,招标人可以对招标文件进行修改,如果有修改,必须以书面形式发送给所有的投标人,此修改或补充也是招标文件的组成部分之一。

特别提示

招标文件对正式文本的解释、补充和修改也是招标文件的一部分,与招标文件正式文本一样,同样具有法律效力。

招标人应当高质量编制招标文件,鼓励通过市场调研、专家咨询论证等方式,明确招标需求,优化招标方案;对于委托招标代理机构编制的招标文件,应当认真组织审查,确保合法合规、科学合理、符合需求;对于涉及公共利益、社会关注度较高的项目,以及技术复杂、专业性强的项目,鼓励就招标文件征求社会公众或行业意见。

依法必须招标项目的招标文件,应当使用国家规定的标准文本,根据项目的具体特点与实际需要编制。

2. 施工招标文件的内容

招标人应当根据招标项目的特点和需要编制招标文件。招标文件应当包括招标项目的技术要求、对投标人资格审查的标准、投标报价要求和评标标准等所有实质性要求和条件,以及拟签订合同的主要条款。根据《标准施工招标文件(2007 年)》的规定,工程施工招标文件分为四卷共八章,其内容见表 2-9。

表 2-9 《标准施工招标文件(2007 年)》的内容

第一卷	第一章 招标公告/投标邀请书
	第二章 投标人须知
	第三章 评标办法
	第四章 合同条款及格式
	第五章 工程量清单
第二卷	第六章 图纸
第三卷	第七章 技术标准和要求
第四卷	第八章 投标文件格式

1) 投标人须知

投标人须知是招标文件的重要组成部分,是投标人的投标指南。包括投标人须知前附表和正文两部分。

特别提示

投标人须知前附表列明了整个招标活动中的重要条款,用于进一步明确正文中的未尽事宜,招标人根据招标项目的具体特点和实际需要编制和填写,但务必与招标文件其他章节相衔接,并不得与正文内容相抵触,否则抵触内容无效。投标人遇到投标人须知前附表与招标文件其他章节不一致时,应请招标人答疑。

投标须知正文包括:总则、招标文件、投标文件、投标、开标、评标、合同授予、重新招标和不再招标、纪律和监察、需补充的其他内容共 10 项内容。

投标人须知前附表编制具体要求见表 2-10。

表 2-10 投标人须知前附表编制具体要求

形式要求	字迹清楚,表达准确,无歧义
内容要求	载明事项与项目情况相符合
	招投标过程中的重要事项安排的时间节点符合规定
	投标人资质条件、能力和信誉的要求合法、合理,不存在排斥潜在投标人的内容
	关于分包的约定合法、合理
	投标有效期约定合法、合理
	履约保证金缴纳金额合理
	投标文件公布投标最高限价与编制预算控制价一致
	中标候选人的确定及排序合法
	物价波动引起的价格调整约定合理
	对于投标报价的规定合法合规
	其他需要增加的内容合法合规

2）评标办法

《标准施工招标文件》规定了两种评标办法，即经评审的最低投标价法和综合评估法。主要内容包括评标方法、评标标准（形式评审标准、资格评审标准、响应性评审标准、施工组织设计和项目管理机构评审标准、评分标准）、评标程序。具体内容见4.2.2小节的相关内容。

3）合同条款及格式

合同条件是招标文件的重要组成部分，合同条件又称合同条款，主要规定了合同履行过程中当事人基本的权利和义务以及合同履行中的工作程序。《标准施工招标文件》规定，合同条款包括通用条款、专用条款、合同附件格式三部分。具体内容见模块6.1的相关内容。

4）工程量清单

采用工程量清单招标的，招标人应当提供工程量清单。

5）技术标准和要求

技术标准和要求是投标人编制施工规划和计算施工成本的依据。一般有三方面的内容：一是提供现场的自然条件；二是现场施工条件；三是本工程采用的技术规范。

6）投标文件格式

投标文件的格式要求是招标文件的组成部分，投标人应按招标人提供的投标格式编制投标书，否则被视为不响应招标文件的实质性要求，其投标将被否决。

3．工程施工招标文件编制的要点

（1）招标文件应清楚载明评标原则和评标办法细则。

（2）投标价格中，一般结构不太复杂或工期在12个月以内的工程，可以采用固定价格并考虑一定的风险系数。结构复杂或大型工程，工期在12个月以上的，应采用调整价格。调整方法和调整范围应在招标文件中明确规定。

（3）在招标文件中应明确投标价格计算依据。

（4）质量标准必须达到国家施工验收规范的合格标准。对于要求质量达到优良标准的，应计取补偿费用，补偿费用的计算办法应按照国家或地方的有关文件规定执行，并在招标文件中明确。

（5）招标文件中的建筑工期应该参照国家或地方办法的工期定额来确定，如果要求的工期比工期定额缩短20%以上（含20%）的，应计算赶工措施费。赶工措施费如何计取应该在招标文件中明确。由于施工单位原因造成不能按照合同工期竣工时，计取赶工措施费的需扣除，同时还应该承担给建设单位带来的损失。损失费用的计算方法或规定应该在招标文件中明确。

（6）如果建设单位要求按合同工期提前竣工交付使用，则应该考虑计取提前工期奖，提前工期奖的计算方法应在招标文件中明确。

（7）招标文件中应明确投标准备时间、投标保证金的提交方式与金额、履约保证金的提交方式与金额。

（8）材料或设备采购、运输、保管的责任应在招标文件中明确，如果建设单位提供材料或设备，则应列明材料或设备名称、品种或型号、数量，以及提供日期和交货地点等；还应在招标文件中明确招标单位提供的材料或设备的计价和结算退款的方法。

（9）关于工程量清单，招标单位按国家颁布的统一工程项目划分、统一计量单位和统一的工程量计算规则，根据施工图纸计算工程量，提供给投标单位作为投标报价的基础。结算拨付工程款时以实际工程量为依据。

(10) 合同专用条款的编写。招标单位在编制招标文件时,应根据我国《民法典》《建设工程施工合同管理办法》的规定和工程具体情况确定招标文件合同专用条款的内容。

2.4.3 标底与招标控制价的编制

1. 标底的编制

标底是由招标人或委托经建设行政主管部门批准的具有编制标底资格和能力的中介机构,根据国家或地方公布的统一工程项目划分、统一的计量单位、统一的计算规则以及施工图纸、招标文件,并参照国家规定的技术标准、经济定额所编制的并经审定的招标工程的预期价格。

1) 标底编制的基本依据

(1) 国家有关法律法规和部门规章。

(2) 招标文件的商务条款。

(3) 工程施工图纸、编制工程量清单的基础资料。

(4) 编制标底所依据的施工方案或施工组织设计。

(5) 工程建设地点的现场水文地质情况、现场环境的有关资料。

(6) 招标时的建筑安装材料及设备的市场价格。

(7) 现行建设工程预算定额、工期定额、工程项目计价类别及取费标准、国家或地方有关价格调整文件等。

2) 标底编审程序

(1) 确定标底计价内容及计算方法,编制总说明、施工方案或施工组织设计,编制工程量清单、临时设施布置临时用地表、材料设备清单、补充定额单价,以及钢筋铁件调整、预算包干、按工程类别的取费标准等。

(2) 确定材料设备的市场价格。

(3) 采用固定价格的工程,应预测施工周期内的人工、材料、设备、机械台班价格波动风险系数。

(4) 确定施工方案或施工组织设计中的计费内容。

(5) 计算标底价格。

(6) 标底送审。建设工程标底一经编制,应报招标投标管理机构审定,一经审定应密封,所有接触过标底的人均负有保密责任,不得泄露标底。

(7) 标底价格审定交底。

特别提示

标底是招标人为招标工程确定的预期价格,是上级主管部门核实建设规模的依据,也是衡量投标单位投标报价的准绳。编制标底能正确判断投标者所投报价的合理性、可靠性。

招标人可根据项目特点决定是否编制标底。招标项目可以不设标底,进行无标底招标。

　　标底由招标人自行编制或委托中介机构编制。任何单位和个人不得强制招标人编制或编审标底,或干预其确定标底。

　　作为评价投标报价的重要尺度,标底价格科学合理至关重要。标底应根据批准的初步设计、投资概算,依据有关计价办法,参照有关工程定额,结合市场供求状况,综合考虑投资、工期和质量等方面的因素合理确定。标底只能作为评标的参考,不得以投标报价是否接近标底作为中标条件,也不得以投标报价超过标底上下浮动范围作为否决投标的条件。

　　招标人不得因投资原因故意压低标底价格。编制标底的,标底编制过程和标底在开标前必须保密。一个工程只能编制一个标底。

　　2. 招标控制价的编制

　　招标控制价是招标人根据国家或省级、行业建设主管部门颁发的有关计价依据和办法,以及拟定的招标文件与招标工程量清单,结合工程具体情况编制的招标工程的最高投标限价。投标人的投标报价高于招标控制价的,其投标应被否决。

　　根据《建设工程工程量清单计价规范》(GB 50500—2013)的规定,国有资金投资的建设工程招标,招标人必须编制招标控制价。

特别提示

　　当招标控制价超过批准的概算时,招标人应将其报原概算审批部门审核。

　　招标人应在发布招标文件时公布招标控制价,同时应将招标控制价及有关资料报送工程所在地或者有该工程管辖权的行业管理部门工程造价管理机构备查。

　　招标控制价应由具有编制能力的招标人,或受其委托具有相应资质的工程造价咨询人编制。招标控制价应在招标时公布,不应上调或下浮,招标人应将招标控制价及有关资料报送工程所在地工程造价管理机构备查。

　　1) 招标控制价的编制依据

　　(1)《建设工程工程量清单计价规范》(GB 50500—2013)。

　　(2) 国家、行业和地方建设主管部门颁发的计价定额与计价办法。

　　(3) 建设工程设计文件及相关资料。

　　(4) 拟定的招标文件和招标工程量清单。

　　(5) 与建设项目相关的标准、规范、技术资料。

　　(6) 施工现场情况、工程特点及常规施工方案。

　　(7) 工程造价管理机构发布的工程造价信息,当工程造价信息没有发布时,参照市场价。

　　(8) 其他相关资料。

　　2) 招标控制价的编制内容

　　《建设工程工程量清单计价规范》(GB 50500—2013)规定,招标工程量清单应以单位(项)工程为单位编制,应由分部分项工程量清单、措施项目清单、其他项目清单、规费和税金项目清单组成。

（1）分部分项工程费的编制。

分部分项工程费应根据招标文件中的分部分项工程量清单及有关要求，按《建设工程工程量清单计价规范》(GB 50500—2013)有关规定确定综合单价。这里的综合单价是指完成一个规定计量单位所需的人工费、材料费和工程设备费、施工机具使用费、企业管理费、利润以及一定范围内的风险费用，不包括措施费。分部分项工程费的计算公式为

$$分部分项工程费 = \sum 分项工程量 \times 综合单价$$

（2）措施项目费的编制。

招标控制价中的措施项目清单计价，应根据拟建工程的施工组织设计，对于可以计算工程量的措施项目，措施项目中的单价项目采用分部分项工程量清单的方式编制，采用综合单价计价；措施项目中的总价项目按项计价，其价格组成与综合单价相同，应包括除规费、税金以外的全部费用。其中，安全文明施工费应按照国家或省级、行业建设主管部门的规定计价，不得作为竞争性费用。

（3）其他项目费的编制。

按照《建设工程工程量清单计价规范》(GB 50500—2013)，其他项目费可以分为暂列金额、暂估价、计日工和总承包服务费。

① 暂列金额。暂列金额应按招标工程量清单中列出的金额填写，可根据工程的复杂程度、设计深度、工程环境条件进行估算，一般可以按照分部分项工程费的 $10\%\sim15\%$ 作为参考。

② 暂估价。暂估价中的材料、工程设备单价应按招标工程量清单中列出的单价计入综合单价。暂估价中的专业工程金额应按照招标工程量清单中列出的金额填写。

③ 计日工。计日工应按招标工程量清单中列出的项目根据工程特点和有关计价依据确定综合单价计算。

计日工包括人工、材料和施工机械。人工单价、机械台班单价应按省级、行业建设主管部门或其授权的工程造价管理机构公布的单价计算；材料应按工程造价管理机构发布的工程造价信息中的材料单价计算，工程造价信息未发布单价的应按市场调查确定的单价计算。

④ 总承包服务费。总承包服务费应根据招标工程量清单列出的内容和要求估算。

（4）规费的编制。

规费和税金应按国家或省级、行业建设主管部门的规定计算，不得作为竞争性费用。

规费＝社会保险费＋住房公积金＋工程排污费

社会保险费＝养老保险费＋失业保险费＋医疗保险费＋工程保险费＋生育保险费
＝人工费×养老保险费费率＋人工费×失业保险费费率＋人工费
　×医疗保险费费率＋人工费×工程保险费费率＋人工费
　×生育保险费费率

住房公积金＝人工费×住房公积金费率

工程排污费按工程所在地环保部门规定据实计算。

（5）税金的编制。

营业税改增值税后，计税基础要考虑进项税额。目前，建筑业增值税适用税率为 9%。

（6）招标控制价封面及总说明的编制。

招标控制价的封面应按表 2-11 的规定填写,招标人及法定代表人应盖章,造价咨询人应盖单位资质章及法人代表章,编制人应盖造价人员资质章并签字,复核人应盖注册造价师资格章并签字。

表 2-11　招标控制价封面

＿＿＿＿＿＿＿＿＿＿工程
招标控制价
招标控制价(小写)：＿＿＿＿＿＿＿＿＿
招标控制价(大写)：＿＿＿＿＿＿＿＿＿
招标人：＿＿＿＿＿＿＿＿＿　　　　造价咨询人：＿＿＿＿＿＿＿＿＿
（单位盖章）　　　　　　　　　　　　（单位资质专用章）
法定代表人　　　　　　　　　　　　法定代表人
或其授权人：＿＿＿＿＿＿＿＿＿　　或其授权人：＿＿＿＿＿＿＿＿＿
（签字或盖章）　　　　　　　　　　　（签字或盖章）
编制人：＿＿＿＿＿＿＿＿＿　　　　复核人：＿＿＿＿＿＿＿＿＿
（造价人员签字盖专用章）　　　　　　（造价工程师签字盖专用章）
编制时间：　　年　月　日　　　　　复核时间：　　年　月　日

招标控制价总说明应根据委托的项目实际情况填写,并应包括以下内容。

① 工程概况：建设规模、工程特征、计划工期、合同工期、实际工期、施工现场及变化情况、施工组织设计的特点、自然地理条件、环境保护要求等。

② 招标控制价的编制依据。

③ 其他需要说明的事项。

④ 招标控制价汇总。将上述编制完成的分部分项工程和单价措施项目清单与计价表,总价措施项目清单与计价表,其他项目清单与计价汇总表,规费、税金项目计价表汇总得到单位工程招标控制价汇总表,再层层汇总,得到单项工程招标控制价汇总表、建设项目招标控制价汇总表和招标控制价汇总表,全部流程如图 2-1 所示。

把以上表格与招标控制价封面及总说明汇总并装订,形成完整的招标控制价文件,文件组成如下：招标控制价封面,招标控制价总说明,建设项目招标控制价汇总表,单项工程招标控制价汇总表,单位工程招标控制价汇总表,分部分项工程和单价措施项目清单与计价表,总价措施项目清单与计价表,其他项目清单与计价汇总表[暂列金额明细表、材料(工程设备)暂估单价及调整表、专业工程暂估价及结算价表、计日工表、总承包服务费计价表]、规费、税金项目计价表,综合单价分析表。

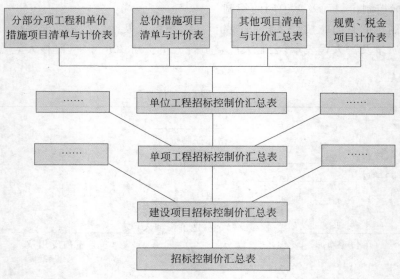

图 2-1　招标控制价汇总流程简图

模块 2.5　建设工程招标的组织实施

2.5.1　建设工程招标基本程序

招投标是一项整体活动,涉及招标人和投标人两方面,招标作为整体活动的一部分,主要是从建设单位的角度揭示其工作内容,但同时又要注意招标与投标活动的关联性,不能将两者割裂开。

招标程序是指招标活动的内容的逻辑关系,当采用不同的招标方式时,具体的招标活动内容也有所不同。招标方式包括公开招标与邀请招标,具体内容见模块 2.1。

1.　建设工程公开招标主要程序

建设工程公开招标主要程序包括:招标准备,编制招标文件,投标人的资格预审,发售招标文件,开标、评标与定标,签订合同。具体步骤见图 2-2。

2.　建设工程邀请招标程序

邀请招标程序是招标人直接向投标人发出邀请,其程序与公开招标大同小异,两者的不同点主要在于邀请招标没有资格预审的环节,但增加了发出投标邀请书的环节。

2.5.2　售标、踏勘与投标预备会

1.　售标

招标人应当按照招标公告或者投标邀请书规定的时间、地点发售招标文件。招标文件的发售期不得少于 5 日。投标人领取招标文件后,应当认真核对招标文件,核对无误后签字确认。

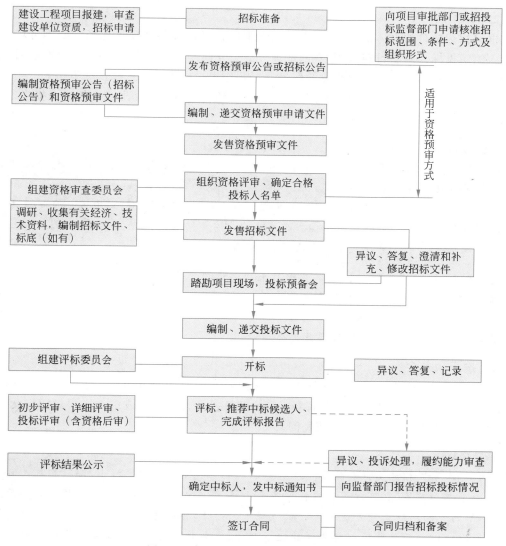

图 2-2　建设工程公开招标主要程序框图

特别提示

　　招标人发售招标文件收取的费用应当限于补偿印刷、邮寄的成本支出,不得以营利为目的。包括设计图纸在内的招标文件一经售出,不再退还。

　　【案例 2-5】　某造价不到 400 万元的公路养护项目,招标代理公司发布招标公告,规定每份招标文件售价 5 000 元。招标公告发出后,竟然有 60 多家施工单位作为投标人购买招标文件。招标代理机构仅在招标文件购买环节就收费近 30 万元据为己有。招标工作完成后,没有中标的投标人向有关部门投诉。有关部门经过调查后认定这家招标代理机构存在通过售卖招标文件牟利的严重违规行为,遂作出相应行政处罚。

　　【问题】　行政监督机构的行政处罚行为是否适当? 为什么?

2. 踏勘

根据招标项目的具体情况,招标人可以组织潜在投标人踏勘项目现场。踏勘现场是指招标人组织投标人对项目现场的经济、地理、地质、气候等客观条件和环境进行的现场调查。投标人可以通过踏勘现场获取必要的信息并据此作出投标决策或选择投标策略。

投标人如果在踏勘现场时有疑问,应当在投票预备会前以书面形式向招标人提出,但应给招标人留出解答的时间。

特别提示

并非所有的招标项目,招标人都有必要组织潜在投标人进行实地踏勘。招标人可自主选择是否组织现场踏勘。

若招标人选择组织现场踏勘的,则应在招标文件的"投标人须知"中进一步明确踏勘的时间和集中地点。招标人不得组织单个或者部分潜在投标人踏勘项目现场。

现场踏勘应当安排在发售标书之后,投标预备会之前。

【案例2-6】 2022年6月,某工程项目采用邀请招标的方式,邀请3家建筑施工企业进行投标。招标代理机构分别于6月8日、6月9日、6月10日组织了3家建筑施工企业踏勘现场,并在踏勘后发售了招标文件。

【问题】 招标代理机构的做法是否合理?

3. 投标预备会

投标预备会也称答疑会、标前会议。会议内容一般包括两方面:一是介绍招标文件和现场情况,对招标文件进行交底和解释;二是解答投标人以书面或口头形式对招标文件和在现场踏勘中所提出的各种问题或疑问。

特别提示

投标人研究招标文件和踏勘现场后会以书面形式就某些问题提出质疑,招标人可以及时给予书面解答,也可以留待投标预备会上解答。对某一投标人所提问题给予书面解答时,所回答的问题必须发送给每一位投标人,以保证招标的公开和公平,但不必说明问题的来源。回答函件作为招标文件的组成部分,当书面解答的问题与招标文件中的规定不一致时,以函件的解答为准。

会议结束后,招标人应将会议记录以书面形式发给每一位投标人。

2.5.3 招标阶段注意事项

1. 确定投标人编制标书的合理时间

招标人应当确定投标人编制投标文件所需要的合理时间。依法必须进行招标的项目,自招标文件开始发出之日起至投标人提交投标文件截止之日止,最短不得少于20日。

2. 确定投标保证金

1) 投标保证金的有效期

招标人应当在招标文件中载明投标有效期。投标有效期从提交投标文件的截止之日起算。投标保证金有效期应当与投标有效期一致。

2）投标保证金的形式与金额

投标保证金的形式一般有：银行电汇、银行汇票、银行保函、信用证、支票、现金或招标文件中规定的其他形式。

依法必须进行招标的项目的我国境内投标单位，以现金或者支票形式提交的投标保证金应当从其基本账户转出。招标人不得挪用投标保证金。

 相关链接

《招标投标法实施条例》第二十五条规定：招标人在招标文件中要求投标人提交投标保证金的，投标保证金不得超过招标项目估算价的 2%。

《工程建设项目施工招标投标办法》第三十七条规定：投标保证金不得超过项目估算价的 2%，但最高不得超过 80 万元人民币。

3）投标保证金的没收与退还

（1）投标保证金的没收。招标人在投标人违反招标文件的规定，出现下述情形时，可以没收投标人的投标保证金。

① 投标人在规定的投标有效期内撤销或修改其投标文件。

② 投标人在收到中标通知书后无正当理由拒签合同或未按招标文件规定提交履约担保。

（2）投标保证金的退还。

① 投标人在投标截止日前撤回投标文件的，招标人已收取投标保证金的，应当自收到投标人书面撤回通知之日起 5 日内退还。

② 投标截止日后投标人撤销投标文件的，招标人可以不退还投标保证金。

③ 合同签订后，招标人最迟应当在书面合同签订后 5 日内向中标人和未中标的投标人退还投标保证金及银行同期存款利息。

特别提示

招标人应当同时接受现金保证金和银行保函等非现金交易担保方式，在招标文件中规范约定招标投标交易担保形式、金额或比例、收退时间等。

依法必须招标项目的招标人不得强制要求投标人、中标人缴纳现金保证金。鼓励招标人接受担保机构的保函、保险机构的保单等其他非现金交易担保方式缴纳投标保证金。

投标人、中标人在招标文件约定范围内，可以自行选择交易担保方式，招标人、招标代理机构和其他任何单位不得排斥、限制或拒绝。鼓励使用电子保函，降低电子保函费用。任何单位和个人不得为投标人、中标人指定出具保函、保单的银行、担保机构或保险机构。招标人、招标代理机构以及其他受委托提供保证金代收代管服务的平台和服务机构应当严格按照法律规定、招标文件和合同中明确约定的保证金收退的具体方式和期限，及时退还保证金。任何单位不得非法扣押、拖欠、侵占、挪用各类保证金。以现金形式提交保证金的，应当同时退还保证金本金和银行同期存款利息。

招标人、招标代理机构以及其他受委托提供保证金代收代管服务的平台和服务机构应当严格遵守招标投标交易担保规定，严禁巧立名目变相收取没有法律法规依据的保证金或其他费用。

拓展阅读

国家发展改革委法规司负责同志就《国家发展改革委等部门关于完善招标投标交易担保制度进一步降低招标投标交易成本的通知》答记者问,见下方二维码。

政策解读

3. 招标文件的澄清与修改

招标人可以对已发出的招标文件进行必要的澄清或者修改。澄清或者修改的内容可能影响投标文件编制的,招标人应当在投标截止时间至少 15 日前,以书面形式通知所有获取招标文件的潜在投标人;不足 15 日的,招标人应当顺延提交投标文件的截止时间。招标文件澄清、修改时间流程见图 2-3。

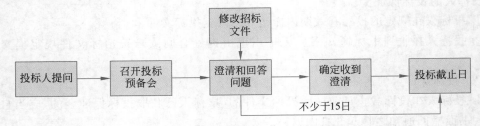

图 2-3　招标文件澄清、修改时间流程

4. 终止招标

招标人终止招标的,应当及时发布公告,或者以书面形式通知被邀请的或者已经获取资格预审文件、招标文件的潜在投标人。已经发售资格预审文件、招标文件或者已经收取投标保证金的,招标人应当及时退还所收取的资格预审文件、招标文件的费用,以及所收取的投标保证金及银行同期存款利息。终止招标程序如图 2-4 所示。

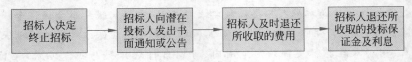

图 2-4　终止招标程序

5. 招标人应当秉承公平公正的原则开展招标工作

招标过程中,招标人不得以不合理的条件限制、排斥潜在投标人或者投标人。招标人有下列行为之一的,属于以不合理条件限制、排斥潜在投标人或者投标人。

(1)就同一招标项目向潜在投标人或者投标人提供有差别的项目信息。

(2)设定的资格、技术、商务条件与招标项目的具体特点和实际需要不相适应或者与合同履行无关。

(3)依法必须进行招标的项目以特定行政区域或者特定行业的业绩、奖项作为加分条件或者中标条件。

（4）对潜在投标人或者投标人采取不同的资格审查或者评标标准。

（5）限定或者指定特定的专利、商标、品牌、原产地或者供应商。

（6）依法必须进行招标的项目非法限定潜在投标人或者投标人的所有制形式或者组织形式。

（7）以其他不合理条件限制、排斥潜在投标人或者投标人。

招标人不得向他人透露已获取招标文件的潜在投标人的名称、数量以及可能影响公平竞争的有关招标投标的其他情况。

招标人不得限制投标人之间的竞争。所有投标人都有权参加开标会。

所有在投标截止时间前收到的投标文件都应当在开标时当众拆封、宣读。

招标人不得与投标人串标，或内定中标人。

单 元 小 结

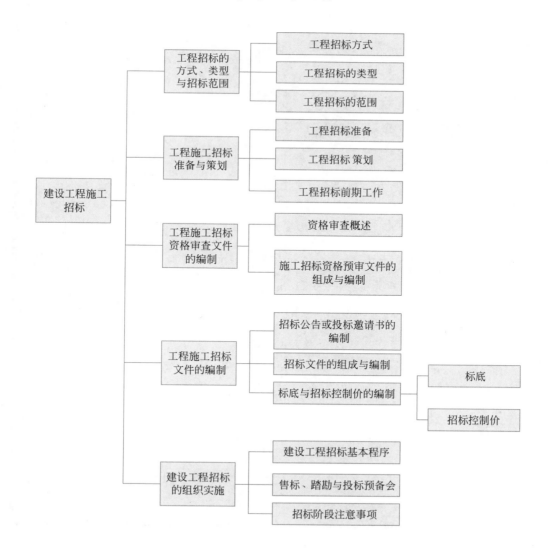

【学习笔记】

思考与练习

一、单项选择题

1. 根据《招标投标法》的有关规定,下列情况中,可以不招标的是( )。

A. 民营企业投资的医院项目

B. 某利用扶贫资金以工代赈项目,单项施工合同预估额为 1 200 万元

C. 某办公楼招标项目,其中电梯采购以暂估价形式包含在总承包范围内

D. 某电力工程招标项目,总投资 3 500 万元,其设计合同预估额为 40 万元

2. 按照施工项目投标工作程序,招标人组织投标人踏勘项目现场后,接下来的步骤是( )。

A. 投标人编制投标文件   B. 发售招标文件

C. 开标   D. 召开标前会议

3. 自招标文件开始发出之日起,至投标人提交投标文件截止之日止,最短不得少于( )天。

A. 15   B. 20   C. 30   D. 25

4. 关于招标方式的说法,正确的是( )。

A. 公开招标是招标人以招标公告的方式邀请特定的法人或其他组织投标

B. 邀请招标是指招标人以投标邀请书的方式邀请 5 个以上特定的法人或其他组织投标

C. 省级人民政府确定的地方重点项目不适宜公开招标的,经省级人民政府批准可以进行邀请招标

D. 国有资金占控股或者主导地位的依法必须进行招标的项目一律公开招标

5. 资格预审是指在( )进行的资格审查。

A. 投标前   B. 编标中

C. 评标中   D. 中标后

6. 依法必须进行招标的项目,招标人( )。

A. 应选择排名第一的候选人为中标人

B. 可以任意选择候选人为中标人

C. 应选择其中报价最低的候选人为中标人

D. 和候选人谈判后再选择中标人

7. 招标人和中标人应当自中标通知书发出之日起( )日内,按照招标文件和中标人的投标文件订立书面合同。

A. 15   B. 30   C. 45   D. 60

8. 业主为防止投标人随意撤标或拒签正式合同而设置的保证金为( )。

A. 履约保证金   B. 投标保证金   C. 担保保证金   D. 签约保证金

9. 以下招标程序顺序正确的是( )。

A. 成立招标工作组-编制招标文件-发布招标公告-发售招标文件

B. 成立招标工作组-发布招标公告-编制招标文件-发售招标文件

C. 编制招标文件-成立招标工作组-发表招标公告-发售招标文件

D. 编制招标文件-发售招标文件-成立招标工作-发表招标文件

10. 下列施工项目不属于必须招标范围的是( )。

    A. 大型基础设施项目

    B. 使用世界银行贷款建设项目

    C. 政府投资的经济适用房建设项目

    D. 施工主要技术采用特定专利的建设项目

11. 编制招标文件,( )。

    A. 可根据招标项目的特点和需要指定特定的生产供应者

    B. 可任意划分标段

    C. 应当包括拟签订合同的主要条款

    D. 不能透露招标控制价

12. 某招标人在招标文件中规定了对本省的投标人在同等条件下将优先于外省投标人中标,这违反了( )原则。

    A. 公开   B. 公平   C. 公正   D. 诚实信用

13. 招标人应在( )的 5 日内,向中标人和未中标的投标人退还投标保证金。

    A. 发出中标通知书后   B. 评标结束后

    C. 确定中标人后   D. 签订合同后

14. 某项目招标,经评标委员会评审认为所有投标都不符合招标文件的要求,这时应当( )。

    A. 与相对接近要求的投标人协商,改为议标确定中标人

    B. 改为直接发包

    C. 用原招标文件重新招标

    D. 修改招标文件后重新招标

15. 以下说法错误的是( )。

    A. 评标委员会能否决全部投标

    B. 依法必须进行招标的项目的所有投标被否决的,招标人应当依法重新招标

    C. 调整后的报价经投标人确定后不产生约束力

    D. 无法定代表人出具的授权委托书,其投标应被否决

16. 招标代理机构是依法设立、从事招标代理业务并提供相关服务的( )。

    A. 法定代理人   B. 指定代理人

    C. 社会中介组织   D. 行政职能部门

17. 采用工程量清单计价法的项目招投标过程中,投标单位在投标报价中,应按招标单位提供的工程量清单的每一单项计算填写单价和合价,在开标后发现投标单位没有按招标文件的要求填写,则( )。

    A. 视为其投标被否决

    B. 由招标人退回投标书

    C. 允许投标单位补充填写

    D. 认为此项费用已包括在工程量清单中的其他单价和合价中

18. 依法应当招标的项目,下列可以不进行施工招标的情形是( )。

A. 技术复杂,有特殊要求的

B. 已通过招标方式选定的特许经营项目投资人依法能够自行施工的

C. 采购人的子公司具备相应资质可以自行施工的

D. 需要向原中标人采购,否则将增加成本的

19. 招标人对某招标估算价为 6 000 万元的施工项目进行公开招标,2023 年 3 月 3 日开始发售招标文件,3 月 6 日停售;招标文件规定投标保证金为 100 万元;3 月 20 日招标人对已发出的招标文件作了必要的澄清和修改,投标截止日期为同年 3 月 25 日。上述案例中有(　　)处错误。

A. 1　　　　　　　B. 2　　　　　　　C. 3　　　　　　　D. 4

20. 关于招标文件的说法正确的是(　　)。

A. 招标文件的要求不得高于法律规定

B. 潜在投标人对招标文件有异议的,招标人作出答复前招标投标活动继续进行

C. 招标文件中载明的投标有效期,从提交投标资格预审文件之日起算

D. 招标人修改已发出的招标文件应当以书面形式通知所有招标文件收受人

二、多项选择题

1. 下列不属于必须进行招标的项目是(　　)。

A. 私人投资的高级别墅

B. 外国老板投资的基础设施项目

C. 大型基础设施、公用事业等关系到社会公共利益、公众安全的项目

D. 全部或部分使用国有资金投资或国家融资的项目

E. 使用国际组织或外国政府贷款、援助资金的项目

2. 根据《招标投标法实施条例》,招标人的下列行为中属于以不合理条件限制、排斥投标人的有(　　)。

A. 就同一招标项目向投标人提供有差别的项目信息的

B. 明示或暗示投标人为特定投标人中标提供方便的

C. 授意投标人撤换、修改投标文件的

D. 限定或者指定特定的专利、商标、品牌的

E. 向特定投标人泄露标底的

3. 有(　　)情况的,经批准可以进行邀请招标。

A. 项目技术复杂或有特殊要求,只有少量几家潜在投标人可供选择

B. 涉及国家安全、国家秘密或者抢险救灾,适宜招标但不宜公开招标的

C. 医院行政办公楼工程

D. 拟公开招标的费用与项目的价值相比,不值得的

E. 学校教学楼工程

4. 建设单位的招标应当具备的条件是(　　)。

A. 招标单位可以是任何单位

B. 有与招标工程相适应的经济、技术、管理人员

C. 有组织编制招标文件的能力

D. 有审查投标单位资质的能力

    E. 有组织开标、评标、定标的能力

5. 施工招标文件应包括(　　　)。

    A. 工程综合说明　　　　　　　　　　B. 必要的图纸和技术资料

    C. 工程设计单位概况　　　　　　　　D. 工程量清单

    E. 投标人须知

6. 招标工程在编制标底时需要考虑的因素包括(　　　)。

    A. 工期因素　　　　　　　　　　　　B. 质量因素

    C. 材料价差因素　　　　　　　　　　D. 本招标工程资金来源因素

    E. 本招标工程的自然地理条件和招标工程范围等因素

7. 关于投标人资格审查的说法正确的有(　　　)。

    A. 资格审查分为资格预审、资格中审和资格后审

    B. 资格预审结束后,评标委员会应当及时向资格预审申请人发出资格预审结果通知书

    C. 招标人采用资格预审的应当发布资格预审公告

    D. 国有资金占控股或主导地位的依法必须招标的项目,招标人应当组建资格审查委员会

    E. 资格后审在开标后由招标人按照招标文件的标准和方法对投标人资格进行审查

8. 招标控制价编制时,各单位工程费用应由(　　　)组成。

    A. 分部分项工程费　　　　　　　　　B. 措施项目费

    C. 其他项目费　　　　　　　　　　　D. 规费

    E. 税金

9. 资格预审文件的内容主要有(　　　)。

    A. 资格预审公告　　　　　　　　　　B. 申请人须知

    C. 资格审查办法　　　　　　　　　　D. 资格预审申请文件格式

    E. 招标控制价

10. 下列招标情形中属于不合理条件限制、排斥潜在投标人或者投标人的有(　　　)。

    A. 就同一招标项目向潜在投标人或者投标人提供有差别的项目信息

    B. 设定的资格、技术、商务条件与招标项目的具体特点和实际需要不相适应

    C. 限定或者指定特定的专利、商标、品牌、原产地或者供应商

    D. 对不同的潜在投标人或者投标人采取相同的资格审查或者评标标准

    E. 依法必须进行招标的项目,以特定行业的业绩、奖项作为加分条件或者中标条件

三、简答题

1. 简述招标的程序。

_____

_____

_____

_____

_____

2. 建设工程招标文件由哪些内容组成？

3.《招标投标法》规定的招标方式有哪两种？两者的优缺点各是什么？

4. 简述标底与招标控制价的区别。

5. 建设工程资格预审文件由哪些内容组成？

四、案例分析题

1. 某省沉管隧道工程的建设单位自行办理招标事宜。由于该工程的技术难度大，建设单位决定采用邀请招标方式，邀请 A、B、C 3 家国有特级施工企业参加投标。

投标邀请书中规定：6 月 1—3 日的 9：00—17：00 在该单位总经济师室出售招标文件。

招标文件中规定：6 月 30 日为投标截止日；投标有效期到 7 月 20 日为止；投标保证金统一定为 100 万元，投标保证金有效期到 8 月 20 日为止；评标采用综合评价法，技术标和商务标各占 50%。

在评标过程中，鉴于各投标人的技术方案大同小异，建设单位决定将评标方法改为经评审的最低投标价法。评标委员会根据修改后的评标方法，确定的评标结果排名顺序为 A 公司、C 公司、B 公司。建设单位于 7 月 15 日确定 A 公司中标，于 7 月 16 日向 A 公司发出中标通知书，并于 7 月 18 日与 A 公司签订了合同。在签订合同过程中，经审查，A 公司所选择的设备安装分包单位不符合要求，建设单位遂指定国有一级安装企业 D 公司作为 A 公司的分包单位。建设单位于 7 月 28 日将中标结果通知了 B、C 两家公司，并将投标保证金退还给该两家公司。建设单位于 7 月 31 日向当地招标投标管理部门提交了该工程招标投标情况的书面报告。

问题：

（1）招标人自行组织招标需具备什么条件？要注意什么问题？对于必须招标的项目，哪些情形经批准后可以进行邀请招标？

（2）该建设单位在招标工作中有哪些不妥之处？请逐一说明理由。

_____

_____

_____

2. 某医院决定投资 1 亿元兴建一幢现代化的住院综合楼,其中土木工程采用公开招标的方式选定施工单位,但招标文件对省内的投标人与省外的投标人提出了不同的要求,也明确了投标保证金的数额。该医院委托某建筑事务所为该项工程编制标底。2022 年 10 月 6 日招标公告发出后,共有 A、B、C、D、E、F 6 家省内的建筑单位参加了投标。招标文件规定 2022 年 10 月 30 日为提交投标文件的截止时间,2022 年 11 月 3 日举行开标会。其中,E 单位在 2022 年 10 月 30 日提交了投标文件,但 2022 年 11 月 1 日才提交投标保证金。开标会由该省住建委主持。结果,该所编制的标底高达 6 200 多万元,而其中的 A、B、C、D 4 个投标人的投标报价均在 5 200 万元以下,与标底相差 1 000 万余元,引起了投标人的异议。

这 4 家投标单位向该省住建委投诉,称某建筑事务所擅自更改招标文件中的有关规定,多计算了材料价格,并夸大了工程量,使标底高出实际估算近 1 000 万元。同时,D 单位向医院要求撤回投标文件。为此,该医院请求省住建委对原标底进行复核。2023 年 1 月 28 日,被指定进行标底复核的省建设工程造价总站拿出了复核报告,证明某建筑事务所在编制标底的过程中确实存在这 4 家投标单位所提出的问题,复核标底额与原标底额相差近 1 000 万元。

由于上述问题久拖不决,导致中标书在开标 3 个月后一直未能发出。为了能早日开工,该医院在获得了省住建委的同意后,更改了中标金额和工程结算方式,确定某公司为中标单位。

问题:

（1）上述招标投标程序中有哪些不妥之处？请说明理由。

_____

（2）E 单位的投标文件应当如何处理？为什么？

_____

（3）对 D 单位撤回投标文件的要求应当如何处理？为什么？

_____

（4）问题久拖不决后,医院能否要求重新进行招标？为什么？

_____

（5）如果重新进行招标,给投标人造成的损失能否要求医院赔偿？为什么？

单元 3　建设工程施工投标

模块 3.1　工程施工投标概述

建设工程施工投标是指经招标单位审查获得投标资格的建筑企业按照招标文件的要求，在规定的期限内向招标单位填报投标书并争取中标的法律行为。

3.1.1　投标人资格

根据《招标投标法》的规定，投标人分为三类：法人、其他组织、具有完全民事行为能力的个人（即自然人）。投标人是指响应招标、参加投标竞争的法人或者其他组织和个人。

投标人应当具备承担招标项目的相应能力。国家有关规定对投标人条件或者招标文件对投标人资格条件有特别规定的，投标人应当具备规定的资格条件。

招标人可以根据招标项目本身的要求，在招标文件或者资格预审文件中，对投标人的资质、业绩、技术能力、企业人员、财务状况等方面作出一些具体的规定。投标人必须满足这些条件，才有资格参与投标竞争。

 相关链接

《工程建设项目施工招标投标办法》第二十条规定，投标人参加工程建设项目施工投标应具备以下条件：具有独立订立合同的权利；具有履行合同的能力，包括专业、技术资格和能力，资金、设备和其他物质设施状况，管理能力，经验、信誉和相应的从业人员；没有处于被责令停业，投标资格被取消，财产被接管、冻结，破产状态；在最近 3 年内没有骗取中标和严重违约及重大工程质量问题；国家规定的其他资格条件。

> **特别提示**
>
> 　　投标人参加依法必须招标的项目的投标,不受地区或部门的限制,任何单位或个人不得非法干涉。
>
> 　　与招标人存在利害关系可能影响招标公正性的法人、其他组织或个人,不得参加投标。
>
> 　　单位负责人为同一人或者存在控股、管理关系的不同单位,不得参加同一标段投标或者未划分标段的同一招标项目的投标,否则视为投标无效。

3.1.2　联合体投标

　　两个以上法人或者其他组织可以组成一个联合体,以一个投标人的身份共同投标。

　　1. 联合体的资格条件

　　招标文件允许联合体投标的,联合体各方均应当具备承担招标项目的相应能力;国家有关规定或者招标文件对投标人资格条件有规定的,联合体各方均应当具备规定的相应资格条件。

　　2. 联合体协议书

　　联合体投标的,联合体各成员应按招标文件要求签署并提交联合体协议书,协议书中应明确联合体各方拟承担的项目工作内容和责任。

　　3. 联合体投标的注意事项

　　1)联合体的变更

　　招标人接受联合体投标并进行资格预审的,联合体应当在提交资格预审申请文件前组成。资格预审后联合体增减、更换成员的,其投标无效。

　　2)联合体的协议

　　联合体在提交资格审查有关资料时,应附上联合体协议,该协议中应规定所有联合体成员在合同中共同的和各自的责任。联合体未在投标文件中附上联合体协议的,投标无效。

　　联合体的每一个成员在资格预审时均须提交与单独参加资格预审的单位要求一样的全套文件。联合体的每一个成员需具备执行其所承担的工程的充足经验和能力。

　　3)联合体牵头人

　　联合体各方应当指定牵头人,授权其代表所有联合体成员负责投标和合同实施阶段的主办、协调工作,并应当向招标人提交由所有联合体成员法定代表人签署的授权书。

　　4)联合体投标保证金

　　联合体投标的,应当以联合体各方或者联合体中牵头人的名义提交投标保证金。以联合体中牵头人名义提交的投标保证金,对联合体各成员具有约束力。

> **特别提示**
>
> 　　同一专业的单位组成的联合体投标,按照资质等级最低的单位确定资质等级。
>
> 　　联合体各方在同一招标项目中以自己名义单独投标或者参加其他联合体投标的,相关投标均无效。
>
> 　　联合体中标的,联合体各方应当共同与招标人签订合同,就中标项目向招标人承担连带责任。

　　【案例 3-1】　某施工招标项目接受联合体投标,其中的资质条件为:钢结构工程专业承包二级和装饰装修专业承包一级施工资质。有两个联合体投标人参加了投标,其中一个联合体由 3 个成员单位 A、B、C 组成,其具备的资质情况分别是:成员 A 具有钢结构工程专业承包二级和装饰装修专业承包二级施工资质;成员 B 具有钢结构工程专业承包三级和装饰装修专业承包一级施工资质;成员 C 具有钢结构工程专业承包三级和装饰装修专业承包三级施工资质。该联合体成员共同签订的联合体协议书中,成员 A 承担钢结构施工,成员 B、C 承担装饰装修施工。

【问题】 该联合体的资质如何确定?是否满足该项目投标资格?

3.1.3　工程施工投标工作流程

要提高中标率,投标人首先要了解投标工作基本程序以及工作流程。目前,我国各地区工程施工投标流程基本相同,如图 3-1 所示。

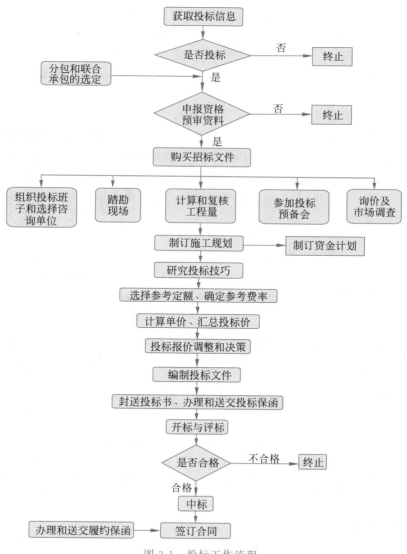

图 3-1　投标工作流程

模块 3.2 工程施工投标前准备工作

投标人获取投标信息、组建投标工作机构、准备和提交资格预审资料、购买招标文件这一阶段称为投标准备阶段。投标准备是投标人参加投标竞争的重要阶段,若投标准备不充分,则难以取得预期的投标效果。因此,投标人应充分重视投标准备阶段的相关工作。

3.2.1 获取投标信息

投标人可以通过多种渠道获取信息,如各级基本建设管理部门、建设单位及主管部门、各地勘察设计单位、各类咨询机构、各种工程承包公司、行业协会等;投标人也可以从各类媒介如电视、互联网、报刊等获取信息。在信息搜集的过程中,要认真分析所获信息的真实性、可靠性。投标人需要收集的信息涉及面很广,其主要内容可以概括为以下几方面。

1. 项目的自然环境

项目的自然环境包括工程所在地的地理位置和地形、地貌、气象状况,包括气温、湿度、主导风向、年降水量等;洪水、台风及其他自然灾害状况等。

2. 项目的市场环境

项目的市场环境主要包括建筑材料、施工机械设备、燃料、动力、供水和生活用品的供应情况、价格水平,还包括过去几年批发物价和零售物价指数及今后的变化趋势和预测;材料、设备购买时的运输、税收、保险等方面的规定、手续、费用;劳务市场的情况,如工人技术水平、工资水平、有关劳动保护和福利待遇的规定等;金融市场情况,如银行贷款的难易程度及银行贷款利率等。

3. 项目的社会环境

投标人进入一个市场前,在招标投标活动中及在合同履行过程中,应该对该项目所在地的社会状况、经济状况、宗教文化、国民经济整体发展水平、社会的整体稳定性、与项目有关的国家政策进行全方位的调查。尤其是涉外项目更要注意这一点。

4. 业主的情况

业主的情况包括业主的资信情况、履约态度、支付能力,在其他项目上有无拖欠工程款的情况,对实施的工程需求的迫切程度,以及对工程的工期、质量、费用等方面的要求等。

3.2.2 组建投标工作机构

投标人在决定对某一项目投标后,为了确保在投标竞争中获胜,应组织投标工作机构负责投标活动的组织实施、投标文件的制作、投标报价的确定等工作。组建一支专业结构合理、精干高效的投标团队是投标成功的重要保证。投标工作机构应由以下三方面的专业人员组成。

1. 经营管理类人才

经营管理类人员应具备一定的法律知识,熟悉工程施工合同范本;掌握科学的调查、统计、分析和预测等研究方法；视野开阔，具有较强的人际交往能力。这类人才在机构中起核心作用，制订和贯彻经营方针与规划，负责投标工作的全面筹划和安排。

2. 专业技术类人才

专业技术类人才包括工程施工中的各类技术人才，如土木工程师、水暖电工程师、专业设备工程师等。这类人才具备较强的实际操作能力，能确定各项专业施工方案和各种技术措施。

3. 商务金融人才

商务金融人才从事造价、财务和商务方面的工作，应具备工程造价、材料设备采购、财务会计、金融、保险、税务和索赔等方面的专业知识，能够编制投标报价。

根据项目招标要求，结合投标不同阶段的需要，投标组织机构人员应当是动态的，必要时还可从外部聘请投标咨询机构，以形成满足投标专业能力结构需要的工作团队，提高投标竞争能力。

3.2.3　准备和提交资格预审资料

资格预审是投标的"入门证"，投标人编报的资格预审文件，实际上就是招标人为考查潜在投标人资质条件、业绩、信誉、技术、设备、人员、财务状况等方面的情况所需的资料。资格预审申请文件的内容与格式见2.3.2小节的相关内容。

投标人申请资格预审时应注意以下事项。

（1）应注意资格预审有关资料的积累。资格预审文件格式和内容一般变化不大，投标人应在平时将资格预审的资料准备齐全，随时存档整理，以备以后填写资格预审申请文件时使用。对于过去业绩与荣誉要及时记载，每竣工一项工程，宜请该工程项目业主和有关单位开具证明工程质量良好等的鉴定书，作为业绩的有力证明。

（2）填写表格要尽量完善、认真分析。投标人还应仔细分析工程项目的特点和性质，将本企业相同工程的经验、技术水平和组织管理能力证明材料，同类工程获奖或其他社会评价情况准备齐全。在填写资格预审表格时要注意，业主特别关注的某些方面材料要详细，如大型设备安装工程招标时，招标人对投标人的机械设备情况特别关注；大型土石方工程招标时，招标人对投标人的土石方施工机械型号和数量特别关注。这时，投标申请人应尽可能详细地提供这些方面的材料与证明文件，以获得招标人的认同，从而顺利地通过资格预审。

（3）注意收集信息，及时调整投标策略。在本企业拟发展经营业务的地区，注意收集信息并发现可投标的项目，做好资格预审的申请准备。当认为本企业在资金、技术水平、业绩等方面难以满足投标要求时，则应考虑与其他施工企业组成联合体参加资格预审。

（4）做好递交资格预审申请后的跟踪工作。资格预审申请提交后，应注意信息跟踪工作，以便发现不足之处，及时补送资料。

3.2.4　购买招标文件

当投标人获得了感兴趣的工程项目信息后，投标人应从招标公告或投标邀请书中了解投标资格条件要求，与自身资格条件进行对比。符合投标资格条件要求的，才考虑是否获取招标文件。或者，投标人经资格预审合格后，可购买获取招标文件。

投标人应当按照招标公告或投标邀请书中规定的时间,持投标人单位介绍信或授权委托书到指定地点购买招标文件。

采用电子招标投标的,投标人在网上完成相关手续后,可直接在电子招标投标交易平台下载数据电文形式的招标文件。招标人提供邮寄服务的,投标人可将邮购款和手续费汇入招标人指定账户,并及时与招标人做好沟通和联系,要求招标人在约定时间内寄送招标文件。需要注意的是,招标人按约定时间寄送招标文件后,不承担邮件延误或遗失的责任。因此投标人应尽可能到指定地点获取招标文件。

特别提示

《招标投标法》明确禁止投标人相互串通投标、招标人与投标人串通投标。投标人不得委托本项目的其他投标人代为领购招标文件,否则将被视为串通投标。

相关链接

《招标投标法实施条例》第三十九条规定:"有下列情形之一的,属于投标人相互串通投标:投标人之间协商投标报价等投标文件的实质性内容;投标人之间约定中标人;投标人之间约定部分投标人放弃投标或者中标;属于同一集团、协会、商会等组织成员的投标人按照该组织要求协同投标;投标人之间为谋取中标或者排斥特定投标人而采取的其他联合行动。"

《招标投标法实施条例》第四十条规定:"有下列情形之一的,视为投标人相互串通投标:不同投标人的投标文件由同一单位或者个人编制;不同投标人委托同一单位或者个人办理投标事宜;不同投标人的投标文件载明的项目管理成员为同一人;不同投标人的投标文件异常一致或者投标报价呈规律性差异;不同投标人的投标文件相互混装;不同投标人的投标保证金从同一单位或者个人的账户转出。"

《招标投标法实施条例》第四十一条规定:"有下列情形之一的,属于招标人与投标人串通投标:招标人在开标前开启投标文件并将有关信息泄露给其他投标人;招标人直接或者间接向投标人泄露标底、评标委员会成员等信息;招标人明示或者暗示投标人压低或者抬高投标报价;招标人授意投标人撤换、修改投标文件;招标人明示或者暗示投标人为特定投标人中标提供方便;招标人与投标人为谋求特定投标人中标而采取的其他串通行为。"

模块 3.3 工程施工投标决策与报价技巧

3.3.1 投标分析

投标分析是投标决策前的必要环节,投标人应当重视投标分析。

1. 参加现场踏勘和投标预备会

投标人拿到招标文件后,应进行全面细致的调查研究,按照招标文件的要求参加现场踏勘和投标预备会,收集更多的信息。

投标人若有疑问需要招标人予以澄清和解答的,一般应在收到招标文件后的5天内以书面形式向招标人提出。

投标人现场踏勘主要是调查施工现场是否达到招标文件规定的条件,具体来说,宜从以下方面进行调查。

1)施工现场的自然地理条件

工程所在地的地理位置和地形、地貌、用地范围等;气象、水文情况,包括温度、湿度、风力、降雨量等;地质情况,包括地质构造及特征、承载能力等;地震、洪水及其他自然灾害情况等。

2)施工条件

工程现场周围的道路、进出场条件、交通限制情况;工程现场施工临时设施、大型施工机具、材料堆放场地安排情况;工程现场邻近建筑物的结构形式、基础埋深、新旧程度、高度以及与招标工程的间距;市政给排水管线位置、管径、压力、废水、污水处理方式;现场供电方式、方位、距离、电压等;工程现场通信线路的连接和敷设;当地政府有关部门对施工现场管理的一般要求、特殊要求及规定等。

3)其他条件

各种构件、半成品及商品混凝土的供应能力和价格,以及现场附近的生活设施、治安情况等。

特别提示

开标后,投标人无权因为现场踏勘不足、情况了解不细致或某些因素考虑不全而提出修改投标书、调整报价或提出补偿要求。

2. 分析资格能力条件、招标项目的需求特征和市场竞争格局

投标人在收集各方面信息的基础上,全面分析内外部条件,准确作出评价和判断,决定是否参与投标,以及如何组织投标、采用何种投标策略。

1)资格条件分析

投标人应当仔细阅读招标文件关于投标资格条件的要求,对照分析自身在资质、业绩、人员、设备、财务状况方面是否满足招标项目要求。例如,有的招标项目要求投标人必须通过ISO 9001质量管理体系认证,则未通过该体系认证或认证期限已过的企业不具备投标资格。

当投标人不符合招标资格时,切勿通过受让或者租借等方式获取的资格、资质证书投标,这属于《招标投标法》中"利用他人名义投标"的禁止性行为;也不可伪造证件、材料、业绩等弄虚作假,否则将受到法律的制裁。

 相关链接

《招标投标法》第三十三条规定:"投标人不得以低于成本的报价竞标,也不得以他人名义投标或者以其他方式弄虚作假,骗取中标。"

投标人有下列情形之一的,属于上述规定中的以其他方式弄虚作假的行为:使用伪造、变造的许可证件;提供虚假的财务状况或者业绩;提供虚假的项目负责人或者主要技术人员简历、劳动关系证明;提供虚假的信用状况;其他弄虚作假的行为。

2）自身能力分析

投标竞争不仅是投标报价的竞争，更是投标人综合能力的竞争。投标人参与投标竞争需要投入一定的人力、物力和财力，将影响其经济利益和以后发展。投标人应根据招标文件的要求，结合自身人员结构、质量管理、成本控制、进度管理和合同管理等方面的能力、优势和特长，对投标的可行性进行综合分析和评价，选择适合自己承受能力、专业优势较为明显、中标可能性较大的项目进行投标，避免盲目投标而带来损失。

3）项目特征和需求分析

投标人应当分析招标项目的质量、造价、工期等方面内容，梳理施工工艺和投标报价等方面的要求，通过踏勘现场、参加投标预备会、市场调研等形式，尽可能全面、准确地把握招标项目的整体特点和资源需求状况，形成分析结论。

4）市场竞争格局分析

投标竞争的本质是投标人在经验、技术、管理、服务和信誉等方面实力的综合比拼。投标人应当分析可能出现的竞争对手及其特长、信誉、管理特色及社会影响力等方面的综合信息，包括竞争对手在同类项目的投标信息、投标报价特点和可能采取的投标策略。据此对市场竞争格局作出全面的分析判断，以作出投标决策和制订相应的投标策略。

5）招标项目可靠性分析

投标人在决定投标前还要考虑招标项目是否可靠，应注意分析：该建设项目是否已经正式批准、资金来源是否可靠、主要材料和设备供应是否已经落实、建设项目本身有无重大风险、招标单位的资信条件是否良好等。

3.3.2 投标决策

投标决策主要包括三方面：一是投标还是不投标；二是投标的策略，投什么性质的标；三是投标中如何采用正确的策略和技巧，以达到中标的目的。

投标决策分为两阶段，即前期和后期。前期必须在购买投标人资格预审资料之前完成。投标人并不是每标必投，而应当结合自身经济实力和管理水平，对投标风险及预期效益进行分析，选择合适的投标策略。

1. 放弃投标的决策

通常情况下，下列招标项目应放弃投标。

（1）投标人主营和兼营能力之外的工程项目。

（2）工程项目规模、技术要求超过投标人技术水平的工程项目。

（3）投标人该阶段生产饱满，而招标工程的盈利水平较低或风险较大的项目。

（4）投标人技术等级、信誉、施工技术、管理水平明显不如竞争对手的工程项目。

2. 参与投标的决策

如果决定投标，即进入投标决策后期，是指从申报资格预审到投标报价（封送投标书）前完成的决策研究阶段。这个阶段主要研究投什么性质的标。在实践中，投标人可供选择的投标策略，从履约难易程度划分，可分为低风险标与高风险标；从预期效益角度划分，可分为盈利标和保本标。

　1）低风险标与高风险标

　（1）低风险标是指技术要求不高,项目管理难度较低,履约风险不高的招标项目。投标人应当对招标项目的责任和风险作出评估,并结合自身技术、设备和资金能力,积极参加投标。当企业经济实力较弱,经不起失误打击时,则往往投保险标。但由于门槛较低,投标人的竞争一般会较为激烈。

　（2）高风险标是指技术难度大,管理要求高,履约风险较大的招标项目。高风险标可能存在难度大、技术设备或资金上有未解决问题等风险,但因为工程盈利丰厚或是可以开拓新技术领域、锻炼施工队伍等原因,投标人也可以在权衡后选择投标。投标人应当慎投高风险标,只有预判能够承受风险损失时,才参加投标。

　2）盈利标与保本标

　（1）盈利标适用于以下两种情况:第一种情况是招标项目是自身强项、与对手相比处于优势地位,比如投标企业在该地区的局面已经打开,施工能力强,信誉好,任务饱满,经营状况好,同时又具备较突出的技术优势或对招标人有较强的名牌效应。第二种情况是竞争对手较少、实力相对较弱,且工程项目的施工难度大,利润丰厚。

　（2）当投标人暂无后继项目,不承接项目可能出现停产停工时,为赢得竞争,以少盈利或不盈利的方式投标,可考虑保本标。

 相关链接

　　《招标投标法》第三十三条规定,投标人不得以低于成本的报价竞标。无论投标人采取何种投标策略,投标报价不得低于投标人的个别成本,否则其投标将被否决。

3. 决策树分析法

　投标人在投标时既可选择投标,也可选择不投标;既可选择报高价,也可选择报低价。高价投标可以得到高回报,但是中标的机会降低;低价投标回报低,但是中标的机会大。因此,如何选择报价,以获取最大期望利润,就成为一个风险决策问题。

　通过决策树的绘制计算,可以较好地实现投标报价策略的选择。

　（1）从左至右,从决策点到方案点,再到经营状态点,直到各树枝的末端,即经营结果节点。绘制完成后,在数值末端标上指标的期望值,在各树枝上标上其相应发生的概率值。

　（2）决策树的计算从右至左,用"子"节点的经营期望损益值乘以相应的概率求和后计算"父"节点的经营期望损益值,直至计算到方案节点,求出各方案节点的期望损益值。

　（3）各方案节点期望损益值最大的方案为最佳方案。

　【案例3-2】　参加投标报价的某施工企业需制订投标报价策略。投标人既可以投高标,也可以投低标,其报价策略如表3-1所示,报价决策树如图3-2所示。若未中标,投标人损失投标费用5万元。

　【问题】　运用决策树方法为上述施工企业确定投标报价策略的具体执行内容是什么?

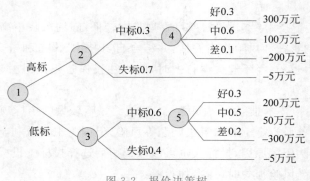

图 3-2　报价决策树

表 3-1　报价策略

投标种类	中标概率	效果	利润/万元	效果概率
高标	0.3	好	300	0.3
		中	100	0.6
		差	-200	0.1
低标	0.6	好	200	0.3
		中	50	0.5
		差	-300	0.2

3.3.3　投标报价技巧

投标人为了中标和取得期望的收益,应在确定投标报价时,在保证满足招标文件各项要求的条件下,研究和运用投标技巧。投标人能否中标,不仅取决于自身的经济和技术水平,也取决于竞争策略和投标技巧的运用。投标人应当在不违反法律法规和招标文件规定的前提下,适当应用一些有利于自己的投标报价策略和投标技巧,以便在竞争中获得主动地位。投标人应用投标报价时可采用以下方法和技巧。

1. 不平衡报价法

不平衡报价是指在不影响投标总报价的前提下,将某些分部分项工程的单价定得比正常水平高一些,某些分部分项工程的单价定得比正常水平低一些。这种报价方法的优势在于,既不提高总价影响中标,又能在结算时得到更理想的经济效益。巧妙地使用不平衡报价有利于提前资金回笼时间和转移风险。

一般可以考虑在以下几方面采用不平衡报价。

(1) 在总报价不变的前提下,对能早期得到结算付款的分部分项工程(如土方工程、基础工程等)的单价定得较高,对后期的施工分项(如粉刷、油漆、电气设备安装等)单价适当降低,以有利于资金周转。

(2) 估计施工中可能变更或增加工程量的项目,可适当提高单价;对可能减少工程数量的项目,则相应降低其单价。

(3) 设计图不明确或有误的项目,应估计其完善后该项工程的增减,决定单价的提高或降低。

（4）清单中合价包干的措施项目，要对照施工方案，有目的地提高或降低其单价。

（5）零星的用工和机械台班一般不计入总报价，可相对提高单价。

（6）对于暂定数额（或工程），分析今后做的可能性大的，价格可定高些；估计不一定做的，价格可定低些。

不平衡报价法的具体应用可总结为表3-2中的情况。

表3-2　不平衡报价法的具体应用

序号	信息类型	变动趋势	不平衡结果
1	资金收入的时间	早	单价高
		晚	单价低
2	清单工程量不准确	增加	单价高
		减少	单价低
3	报价图纸不明确	增加工程量	单价高
		减少工程量	单价低
4	暂定工程	自己承包的可能性高	单价高
		自己承包的可能性低	单价低

特别提示

不平衡报价法的原则可总结为：在总报价不变的前提下，多收钱、早收钱。由于不平衡报价可能损害招标人利益，招标文件常常对不平衡报价作出严格的限制。投标人报价采用不平衡报价法时，需要特别注意以下几点。

（1）严格遵守招标文件的限制性规定，且不平衡报价的调整幅度要适度，避免畸高畸低。

（2）钢筋、混凝土等市场价格透明的常规项目不宜采用不平衡报价。

（3）同一标段中内容完全一样的工作子目的综合单价应当一致，否则有可能导致投标被否决。

 司法解释

实践中因不平衡报价产生的争议如何处理？

不平衡报价属于施工人的投标技巧，在建筑界属于常见现象，一般不影响施工合同的效力。例如，安徽省高级人民法院（2018）皖民申〔1374〕号生效民事裁定书认定，建筑行业中，相对于正常报价，还存在不平衡报价的投标报价方式。

因不平衡报价的总价不变，在合同能履行完毕的情况下，在结算最终价款时发承包双方一般很少就不平衡报价问题产生争议，但在合同中途解除、施工项目并未全部完成的情况下，子项目有偏差的矛盾就会显现，当事人因此会产生结算争议。

实践中，对此应综合考虑合同解除的原因、不平衡程度等各种因素，根据诚实信用原则和公平原则，作出妥善处理，防止利益失衡。

例如，《江苏省高级人民法院关于审理建设工程施工合同纠纷案件若干问题的解答》（2018年）第八条规定："建设工程施工合同约定工程价款实行固定总价结算，承包人未完成工程施工,其要求发包人支付工程款,发包人同意并主张参照合同约定支付的,可以采用'按比例折算'的方式,即由鉴定机构在相应同等取费标准下计算出已完工程部分的价款占整个合同约定工程的总价款的比例,确定发包人应付的工程款。但建设工程仅完成一小部分,如果合同不能履行的原因归责于发包人,因不平衡报价导致按照当事人合同约定的固定价结算将对承包人利益明显失衡的,可以参照定额标准和市场报价情况据实结算。"

2. 突然降价法

突然降价法是一种在报价时迷惑竞争对手的方法。投标报价中各竞争对手往往通过多种渠道和手段来刺探对手的情况,因而先按一般情况报价或表现出自己对该工程兴趣不大,到投标快截止时,再突然降价,为最后中标打下基础。采用这种方法时,一定要在准备投标报价的过程中考虑好降价的幅度,在临近投标截止日期前,根据情报信息与分析判断再做最后决策。

3. 多方案报价法

多方案报价法是利用招标文件中的工程说明书不够明确,或合同条款、技术要求过于苛刻时,以争取达到修改工程说明书和合同为目的的一种报价方法。先按原招标文件报一个价,然后再提出,如果某某条款作某些变动,报价可降低多少,由此可报出一个较低的价。这样可以降低总价而吸引业主。

【案例3-3】 某工程在施工招标文件中规定:本工程有预付款,数额为合同价款的10%,在合同签署并生效后7天内支付,当进度款支付达到合同总价的60%时,一次性全额扣回,工程进度款按季度付。

某承包商准备对该项目投标,根据图纸计算,报价为9 000万元,总工期为24个月,其中基础工程估价为1 200万元,工期为6个月;结构工程估价为4 800万元,工期为12个月;装饰和安装工程估价为3 000万元,工期为6个月。

承包商为了既不影响中标,又能在中标后取得较好的收益,决定采用不平衡报价法对原报价作适当调整,基础工程调整为1 300万元,结构工程调整为5 000万元,装饰和安装工程调整为2 700万元。

另外,该承包商还考虑到,该工程虽然有预付款,但平时工程款按季度支付不利于资金周转,决定除按上述调整后的数额报价外,还建议业主将支付条件改为预付款为合同价的5%,工程款按月支付,其余条款不变。

【问题】

(1) 该承包商所采用的不平衡报价法是否恰当?

(2) 除了不平衡报价法,该承包商还运用了哪种报价技巧?运用得是否恰当?

4. 增加建议方案

有的招标文件中规定,投标人可以提一个建议方案,即投标人可以修改原设计方案,提出投标者的方案。投标者这时应抓住机会,组织一批设计和施工经验丰富的工程师,对原招标文件的设计和施工方案仔细研究,提出更为合理的方案以吸引业主,促成自己的方案中标。

特别提示

采用增加建议方案法时,投标人要注意不能忽略对原招标方案的报价。投标人提出的建议方案不要写得太具体,要保留方案的技术关键,防止招标人将此方案交给其他承包商。同时要强调的是,建议方案一定要比较成熟,具有良好的操作性。

5. 多标段交叉折扣报价

招标项目如有多个标段,招标文件允许投标人提供交叉折扣报价时,投标人为获得整个项目合同,对多个标段可以同时提出交叉折扣优惠,即如果招标人将多标段作为一个合同整体授予投标人,投标人可给予整体合同更多的降价优惠,以使投标报价处于更加有利的竞争地位。例如,某公路项目有 3 个标段,投标人对各标段分别降价优惠 5%,如果招标人同时将 3 个标段合同授予投标人,投标人可给予整体优惠 7%。

【案例3-4】 某投标人在通过资格预审后,对招标文件进行了仔细分析,发现业主所提出的工期要求过于苛刻,且合同条款中规定每拖延 1 天工期则罚合同价的 0.1%。若要保证实现该工期要求,必须采取特殊措施,从而大大增加成本;投标人还发现原设计结构方案采用框架剪力墙体系过于保守。因此,该承包商在投标文件中说明业主的工期要求难以实现,因而按自己认为的合理工期(比业主要求的工期增加 6 个月)编制施工进度计划和据此报价;还建议将框架剪力墙体系改为框架体系,并对这两种结构体系进行了技术经济分析和比较,证明框架体系不仅能保证工程结构的可靠性和安全性,增加使用面积,提高空间利用的灵活性,而且可降低造价约 3%。

该投标人将技术标和商务标分别封装,在封口处加盖本单位公章和投标人授权代表签字后,在投标截止日期前 1 天上午将投标文件报送业主。次日(即投标截至当天)下午,在规定的开标时间前 1 小时,该承包商又递交了一份补充材料,其中声明将原报价降低 4%。但是,招标单位的有关工作人员认为,根据国际上"一标一投"惯例,一个投标人不得递交两份投标文件,因而拒收该投标人的补充材料。

【问题】

(1)该投标人运用了哪几种投标报价技巧?其运用是否得当?请逐一加以说明。

(2)招标单位的工作人员的做法是否正确?为什么?

模块 3.4 工程施工投标文件的编制与提交

3.4.1 投标文件的组成与编制要点

投标文件是反映投标人技术、经济、商务等方面实力和对招标文件响应程度的重要文件,是评标委员会评价投标人的重要依据,也是决定投标成败的关键。因此,投标人应当认真分析研究招标文件的相关内容,严格按照招标文件的要求编制投标文件。

1. 工程施工投标文件的组成

根据《标准施工招标文件》(2007 年版)的规定,工程施工项目投标文件一般包括下列内容。

(1)投标函及投标函附录。

(2)法定代表人身份证明或附有法定代表人身份证明的授权委托书。

（3）联合体协议书（如有）。

（4）投标保证金。

（5）已标价工程量清单。

（6）施工组织设计。

（7）项目管理机构。

（8）拟分包项目情况表。

（9）资格审查资料（资格后审项目）。

（10）招标文件规定的其他材料。

 拓展阅读

（1）标准施工招标文件（2007 年版）。

（2）简明标准施工招标文件（2012 年版）。

取消"工程造价咨询企业乙级资质认定"；将施工企业资质由三级调整为二级，取消三级资质，相应调整二级资质的许可条件。具体内容见《住房和城乡建设部关于修改〈建筑业企业资质管理规定〉等三部规章的决定（征求意见稿）》等文件，详见右侧二维码。

施工招标文件

2．投标文件编制原则

编制投标文件时，投标人应当对招标文件中提出的所有实质性要求和条件作出响应。实质性要求和条件是指招标文件中提出的投标资格、投标报价、施工工期、投标有效期、质量要求、技术标准和要求、相关业绩等方面的要求。投标文件需对此作出全面、具体、明确的响应，不得遗漏或回避。投标报价不得低于工程成本。

投标文件中，投标函及其附录（投标一览表）、工程施工组织设计、报价文件等既是投标文件的重要组成部分，也是投标人竞争实力的具体表现。投标人如有自己独特的施工工艺、质量措施、保修承诺和优惠报价等，应在投标文件相应内容中作出详细说明，尽可能展现自身优势特点。

特别提示

招标文件允许提交备选方案的，投标人可以提交备选投标方案。投标人应在投标文件中注明主选方案和备选方案，以便招标人识别。不注明主选方案和备选方案，可能导致投标无效。备选投标方案应实质性响应招标文件要求。备选投标方案应科学、合理、可行，且有利于合同工期的缩短、造价或者项目运行维护费用的合理降低。

3．投标文件各部分内容编制要点

1）投标函及投标函附表

投标函是投标人向招标人发出的对招标文件提出的有关招标范围、投标报价、完成期限、质量目标、投标有效期、投标保证金、技术标准和要求等实质性要求和条件作出的总体响应。投标函一般位于投标文件的首页，是投标文件的纲领性核心要件。

投标函部分包括投标函正文及投标函附录、法定代表人身份证明书、授权委托书、联合体协议书、投标担保银行保函格式、投标担保书和招标文件要求投标人提交的其他投标资料。

投标函格式填写时要注意以下几点。

（1）函件接收人。投标人发出投标函的对象,应填写招标人名称。

（2）招标项目名称。表明投标人参与投标的项目,划分标段或标包的招标项目,投标人应仔细填写所投标段号或标包号。

（3）投标报价。投标报价是投标文件价格部分的汇总金额,一般分大、小写两种形式填写,两者应保持一致。

（4）完成期限。完成期限是投标人承诺完成招标项目的时间,投标人应根据投标文件技术部分的实施计划填写。如施工招标项目,工期应根据施工组织设计中的进度计划填写。

（5）质量标准。质量标准须满足国家强制性标准和招标文件的要求。

（6）投标有效期。投标人应承诺在投标有效期内不修改、撤销投标文件,如格式要求填写投标有效期的,投标人填写的投标有效期不应小于招标文件规定的投标有效期。

（7）投标保证金。填写投标人为本次投标所提交的投标保证金金额,金额不得少于招标文件规定的数额。

（8）相关承诺。例如承诺在中标通知书规定的期限内与招标人签订合同等。

（9）相关声明。例如声明不存在招标文件规定的禁止投标情形等。

（10）签署。投标函必须经投标人盖章和单位负责人（或其委托代理人）签字。投标函签署部分还应明确签署日期和投标人的联系方式（包括地址、网址、电话、传真、邮政编码等）等。

而投标函附表是对投标函中未体现的、招标文件中有要求的条款进行说明,如项目经理、工期、缺陷责任期等。

投标函示例与投标函附表示例见表3-3和表3-4。

表 3-3 投标函示例

投 标 函
_____（招标人名称）：
1. 我方已仔细研究了_____（项目名称）第_____标段施工招标文件的全部内容,愿意以人民币（大写）_____元（¥_____）的投标总报价,工期____日历天,按合同约定实施和完成承包工程,修补工程中的任何缺陷,工程质量达到_____。
2. 我方承诺在投标有效期内不修改、撤销投标文件。
3. 随同本投标函提交投标保证金一份,金额为人民币（大写）_____元（¥_____）。
4. 如我方中标:
（1）我方承诺在收到中标通知书后,在中标通知书规定的期限内与你方签订合同。
（2）随同本投标函提交的投标函附录属于合同文件的组成部分。
（3）我方承诺按照招标文件规定向你方提交履约担保。
（4）我方承诺在合同约定的期限内完成并移交全部合同工程。
5. 我方在此声明,所提交的投标文件及有关资料内容完整、真实和准确,且不存在招标文件规定的废标的任何一种情形。
6. _____（其他补充说明）。
投 标 人：_____（单位盖章）
法定代表人或其委托代理人：_____（签章或盖章）
单位地址：_____
网   址：_____
电   话：_____
日期：____年___月___日

表 3-4 投标函附表示例

序号	项目内容	约定内容	备注
1	履约担保:银行保函金额	合同价的_____%	
2	发出开工通知时间	签署合同协议书之日	
3	完工时间	_____天	
4	误期赔偿费金额	_____元/天	
5	误期赔偿费限额	合同价的_____%	
6	提前工期奖	_____元/天	
7	工程质量达到优良标准补偿金	_____元	
8	工程质量未达到优良标准赔偿金	合同价的_____%	
9	保修期	—	按建设工程质量管理条例办理
10	保修金限额	合同价的_____%	
11	优惠条件	按中标价下浮_____%	
12	动员预付款	金额合同价的_____%	
13	保留金额	月付款的_____%	
14	保留金限额	合同价的_____%	

2)法定代表人身份证明或附有法定代表人身份证明的授权委托书

投标文件中的单位负责人或法定代表人身份证明一般应包括:投标人名称、单位性质、地址、成立时间、经营期限等投标人的一般情况,同时还应有单位负责人或法定代表人的姓名、性别、年龄、职务等有关单位负责人或法定代表人的相关信息和资料。投标人填写的单位负责人或法定代表人应与其营业执照上载明的单位负责人或法定代表人一致。单位负责人或法定代表人身份证明应加盖投标人单位公章。

如果投标人的单位负责人或法定代表人不能亲自签署投标文件进行投标,则单位负责人或法定代表人可以委托代理人以投标人名义签署、澄清、说明、提交、撤回、修改投标文件、签订合同和处理有关事宜。

授权委托书内容包括投标人单位负责人或法定代表人姓名、代理人姓名、授权的权限和期限等。授权委托书一般规定代理人无转委托权。授权委托书必须由单位负责人或法定代表人签署。招标文件如有要求,还应加盖投标人单位公章。

3)投标保证金

投标人应当按照招标文件的要求提交投标保证金。

法定代表人身份证明示例、授权委托书示例、投标保证金示例分别见表3-5~表3-7。

表 3-5 法定代表人身份证明示例

法定代表人身份证明

投标人名称:_____

单位性质:_____

地址:_____

成立时间:_____年____月____日

经营期限:_____

姓名:_____ 性别:_____ 年龄:_____ 职务:_____

系_____(投标人名称)的法定代表人。

特此证明。

投标人:_____(盖单位章)

_____年____月____日

表 3-6　授权委托书示例

授权委托书

　　本人_____(姓名)系_____(投标人名称)的法定代表人,现委托_____(姓名)为我方代理人。代理人根据授权,以我方名义签署、澄清、说明、补正、递交、撤回、修改_____(项目名称)_____标段施工投标文件、签订合同和处理有关事宜,其法律后果由我方承担。

　　委托期限:_____

　　代理人无转委托权。

　　附:法定代表人身份证明

　　　　　　　　　　　　　　　　　投标人:_____(盖单位章)

　　　　　　　　　　　　　　　　　法定代表人:_____(签字)

　　　　　　　　　　　　　　　　　身份证号码:_____

　　　　　　　　　　　　　　　　　委托代理人:_____(签字)

　　　　　　　　　　　　　　　　　身份证号码:_____

　　　　　　　　　　　　　　　　　　　_____年____月____日

表 3-7　投标保证金示例

投标保证金

_____(招标人名称):

　　鉴于_____(投标人名称,以下称"投标人")于_____年_____月_____日参加_____(项目名称)_____标段施工的投标,_____(担保人名称,以下称"我方")无条件地、不可撤销地保证:投标人在规定的投标文件有效期内撤销或修改其投标文件的,或者投标人在收到中标通知书后无正当理由拒签合同或拒交规定的履约担保的,我方承担保证责任。收到你方书面通知后,在 7 日内无条件向你方支付人民币(大写)_____元。

　　本保函在投标有效期内保持有效。要求我方承担保证责任的通知应在投标有效期内送达我方。

　　　　　　　　　　　　　　　担保人名称:_____(盖单位章)

　　　　　　　　　　　　　　　法定代表人或其委托代理人:_____(签字)

　　　　　　　　　　　　　　　地址:_____

　　　　　　　　　　　　　　　邮政编码:_____

　　　　　　　　　　　　　　　电话:_____

　　　　　　　　　　　　　　　传真:_____

　　　　　　　　　　　　　　　　_____年____月____日

　　4)已标价的工程量清单

　　已标价的工程量清单是投标人按照招标文件的要求以及工程量清单报价形式详细表述的该工程项目的各项费用总和。具体内容见 3.4.3 小节。

　　5)施工组织设计

　　具体内容见 3.4.2 小节。

　　6)项目管理机构

　　一般情况下,工程招标项目的招标文件中,会要求投标人提供项目管理机构的相关情况,包括投标人为本项目设立的专门机构的形式、人员组成、职责分工,项目经理、项目负责人、技术负责人等主要人员的职务、职称、养老保险关系,以及以上人员所持职业(执业)资格证书名称、级别、专业、证号等。

编制投标文件时,投标人应将项目管理机构主要人员的简历按照格式填写。项目经理应附执业资格证、身份证、职称证、学历证、缴纳社会保险证明等,项目管理业绩须附合同协议书或其他证明文件复印件;技术负责人应附身份证、职称证、学历证、养老保险复印件,项目管理业绩须附证明其所任技术职务的相关证明文件;其他主要人员应附职称证(执业资格证或上岗证书)、养老保险复印件。

7) 拟分包项目情况表

工程总承包招标时,投标人应当根据自身的实际情况,对招标文件中可以分包的内容作出是否分包的说明。

招标文件一般对分包的范围、金额有所限制,投标人确定分包应当符合招标文件的规定。在符合招标文件和法律法规规定的前提下,投标人可以将投标工程中的部分工程分包给具有相应资质条件的分包单位。

特别提示

投标人不得将主体工程进行分包,或将工程分包给不具有相应资质条件的单位,也不得将工程分包给个人。

如果投标人在投标文件中已经明确分包方案,中标后可以按照投标文件中的分包方案将相应工程进行分包。如果投标人在投标文件中没有明确分包方案,中标后如果分包应经招标人同意。

如招标人允许分包,一般会要求投标人提供分包项目情况。投标人应按照招标文件的规定,对分包工程内容、分包人的资质以及类似工程业绩等方面的情况进行说明。

3.4.2 技术标的编制

投标文件也可分为商务标和技术标。商务标又分为商务文件(投标函)和价格文件。商务文件是用以证明投标人是否履行合法手续及招标人了解投标人商业资信、合法性的文件;价格文件是与投标人的投标报价相关的文件。

技术标即全部施工组织设计,用以评价投标人的技术实力和经验。技术复杂的项目对技术文件的编写内容及格式均有详细要求,投标人应当认真按照规定填写标书文件中的技术部分。

施工方案是投标报价的一个前提条件,也是招标人评标时考虑的因素之一。施工组织设计必须满足招标文件的工期、质量、安全等方面的要求,对招标文件的相关要求作出实质性的响应。投标人在编制施工组织设计时,应仔细分析招标项目的特点、施工条件,考虑自身的优势和劣势,尽可能采用文字、图表、图片等图文并茂的形式,形象地说明施工方法、拟投入本标段的主要施工设备情况、拟配备本标段的试验和检测仪器设备情况、劳动力计划;结合工程特点提出切实可行的工程质量、安全生产、文明施工、工程进度和技术组织措施等,同时应对关键工序、复杂环节等重点提出相应技术措施,如冬、雨期施工技术,减少噪声,降低环境污染,地下管线及其他地上地下设施的保护加固措施等。

施工组织设计除采用文字表述外,还应按照招标文件规定的格式编写拟投入本标段的主要施工设备表、拟配备本标段的试验和检测仪器设备表、劳动计划表、计划开工竣工日期和施工进度网络图、施工总平面图、临时用地表等。

特 别 提 示

施工组织设计由投标人的技术负责人主持制订。

与指导具体施工的实施性施工组织设计不同,投标阶段的施工组织设计的目的是为了争取中标,重点在于向招标人或评标委员会介绍投标人的实力,应简洁明了,突出重点和长处,因此在技术措施、工期、质量安全以及降低成本方面宜对招标人有恰当的吸引力。

1. 施工组织设计的主要内容

(1)施工部署。

(2)施工现场平面布置图。

(3)施工方案。

(4)施工技术措施。

(5)施工组织及施工进度计划(包括施工段的划分、主要工序及劳动力安排以及施工管理机构或项目经理部组成)。

(6)施工机械设备配备情况。

(7)质量保证措施。

(8)工期保证措施。

(9)安全施工措施。

(10)文明施工措施。

2. 施工组织设计的编制程序

施工组织设计是施工企业控制和指导施工的文件,必须结合工程实体,内容要科学合理。在编制前应会同各有关部门人员,共同讨论和研究施工的主要技术措施和组织措施。施工组织设计的编制程序如图 3-3 所示。

3.4.3 投标报价文件的编制

投标报价是投标工作的核心。一般情况下,评标时投标报价的分数占总分的 50% 以上,报价过高会失去中标机会,报价过低则会给投标人带来亏本风险。所以投标报价是投标工作的重中之重,必须高度重视。

1. 投标报价的编制依据

《建设工程工程量清单计价规范》(GB 50500—2013)规定,投标报价应根据下列依据编制和复核。

(1)《建设工程工程量清单计价规范》(GB 50500—2013)。

(2)国家或省级、行业建设主管部门颁发的计价办法。

(3)企业定额,国家或省级、行业建设主管部门颁发的计价定额。

(4)招标文件、工程量清单及其补充通知、答疑纪要。

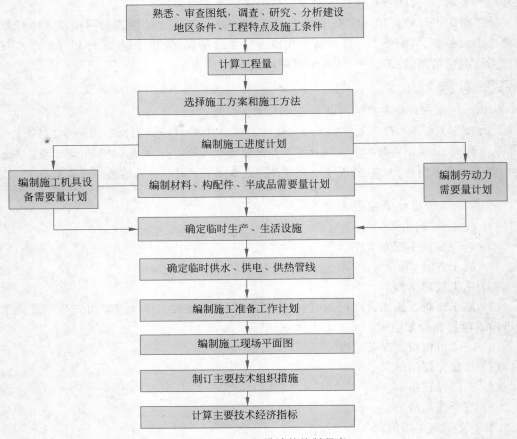

图 3-3　施工组织设计的编制程序

（5）建设工程设计文件及相关资料。

（6）施工现场情况、工程特点及拟定的投标施工组织设计或施工方案。

（7）与建设项目相关的标准、规范等技术资料。

（8）市场价格信息或工程造价管理机构发布的工程造价信息。

（9）其他的相关资料。

2．投标报价的准备工作

1）认真复核工程量

在实行工程量清单计价的建设工程项目中，工程量清单作为招标文件的组成部分，由招标人提供。工程量的多少是投标报价最直接的依据。复核工程量的准确程度，将影响投标人的最终报价。投标人一方面可以根据复核后的工程量与招标文件提供的工程量之间的差距，考虑相应的投标策略，决定报价尺度；另一方面可以根据工程量的大小采取合适的施工方法，选择适用、经济的施工机具设备，投入合适的劳动力数量等。

特别提示

　　在复核工程量时，投标人要避免漏算或重复计算。当发现工程量清单中工程量的遗漏或错误时，投标人不可以擅自修改工程量清单，可以向招标人提出，由招标人审查后统一修改,并把修改情况通知所有的投标人;或者加以利用,运用一些报价技巧提高报价质量。

2）调查询价

投标报价之前,投标人需要通过多种渠道,对工程所需各种材料、施工机械设备,以及劳务的价格、质量、供应时间、供应数量等进行系统全面的调查,同时还要进行分包询价,了解分包项目的分包形式、分包范围、分包人报价、分包人履约能力及信誉等。

询价的对象可以是生产厂商、销售商、咨询公司。投标人也可以通过互联网询价、自行进行市场调查询价。

3. 投标报价的组成

根据《建设工程工程量清单计价规范》(GB 50500—2013)的规定,工程量清单计价费用,由分部分项工程费、措施项目费、其他项目费、规费、税金五部分组成。

1）分部分项工程费

分部分项工程量清单费用采用综合单价计价。分部分项工程费应依据招标文件及招标工程量清单中分部分项工程量清单项目的特征描述确定综合单价计算。

特别提示

分部分项工程费的编制应符合下列规定。

(1)综合单价中应考虑招标文件中要求投标人承担的风险费用。

(2)招标工程量清单中提供了暂估单价的材料和工程设备,按暂估的单价计入综合单价。

2）措施项目费

措施项目费是指施工企业为完成工程项目施工,发生于该工程施工前和施工过程中技术、生活、安全等方面的非实体项目的费用。结算需要调整的,必须在招标文件或合同中明确。

投标报价时,措施项目费应根据招标文件中的措施项目清单及投标时拟定的施工组织设计或施工方案,采用综合单价计价的规定自主确定。

3）其他项目费

其他项目费包括暂列金额,材料、工程设备暂估价,专业工程暂估价,计日工,总承包服务费。投标时,应按下列规定报价。

(1)暂列金额应按照招标工程量清单中列出的金额填写,不得变动。

(2)材料、工程设备暂估价应按照招标工程量清单中列出的单价计入综合单价。

(3)专业工程暂估价应按招标工程量清单中列出的金额填写。

(4)计日工应按招标工程量清单中列出的项目和数量,自主确定综合单价并计算计日工总额。

(5)总承包服务费应根据招标工程量清单中列出的内容和提出的要求自主确定。

4）规费和税金

规费和税金应按国家、行业建设主管部门的规定计算,不得作为竞争性费用。目前,建筑业的增值税税率为 9%。

4. 投标报价的编制

1）投标报价封面及总说明的编制

投标报价封面应按规定的格式填写，投标人及法定代表人盖章，编制人应盖造价人员资质章并签字。

投标报价总说明应根据投标项目的实际情况填写，并对以下内容进行说明。

（1）工程概况：建设规模、工程特征、计划工期、合同工期、实际工期、施工现场及变化情况、施工组织设计的特点、自然地理条件、环境保护要求等。

（2）投标报价的编制依据。

（3）其他需要说明的事项。

2）投标报价的形成

在分别确定分部分项工程直接费、计量措施项目直接费并计算相应的规费、管理费、利润、税金及一定的风险费用后，分别编制分部分项工程清单与计价表、单价措施项目工程清单与计价表，层层汇总，结合计算的总价措施费、其他项目费，得到单位工程投标汇总表，再层层汇总，得出单项工程投标报价汇总表和工程项目投标总价汇总表。

> **特别提示**
>
> 投标人的投标总价应与组成工程量清单的分部分项工程费、措施项目费、其他项目费和规费、税金的合计金额相一致，即投标人在进行工程量清单招标的投标报价时，不能进行投标总价优惠（或降价、让利），投标人对投标报价的任何优惠（或降价、让利）均应反映在相应的清单项目的综合单价中。

3）投标报价的注意事项

在投标报价编制完成后，要对错漏项、算术性错误、不平衡报价、明显差异单价的合理性，措施费用，规费，税金等进行分析，以保证投标报价的准确、合理。

（1）错漏项分析。投标要审查投标报价是否按照招标人提供的工程量清单填报价格，认真检查填写的项目编码、项目名称、项目特征、计量单位、工程量是否与招标人提供的一致。

（2）算术性错误分析。算术性错误分析要核对总计与合计、合计与小计、小计与单项之间等数据关系是否正确。审查大写金额与小写金额是否一致，总价金额与依据单价计算的结果是否一致。

（3）不平衡报价分析。审查分部分项工程量清单项目中所套用的定额子目是否得当，定额子目的消耗量是否进行了调整；审查清单项目中的人工单价是否严重偏离当地劳务市场价格及工程造价管理机构发布的工程造价信息，有无不符合当地关于人工工资单价的相关规定；审查材料设备价格是否严重偏离市场公允价格及工程造价管理机构发布的工程造价信息。

（4）明显差异单价的合理性。投标报价不得低于工程成本。明显差异单价的合理性分析要检查投标报价中的综合单价是否有低于个别成本或有超额利润的情况。审查综合单价中管理费费率和利润率是否严重偏离投标人承受能力及当地造价管理机构颁布的费用定额标准；审查综合单价中的风险费用计取是否合理。

（5）措施费用分析。审查措施项目的措施项目费的计取方法是否与投标时的施工组织设计和施工方案一致；根据招标文件、合同条件的相关规定，审查措施项目列项是否齐全，有无必需的措施项目而没有进行列项报价的情况；审查措施项目计取的比例、综合单价的价格是否合理，有无偏离市场价格；审查措施项目费占总价的比例，并对比类似项目的措施项目费，看措施项目费是否偏低或偏高。

（6）不可竞争费用的审查。安全文明措施费用、规费、税金等不可竞争费用分析是检查投标报价中该类费用的合理性及是否符合有关强制性规定。

（7）单方造价的审查。结合实际经验，检查单方造价是否超出一般此类工程的造价范围；若不合理，则查找原因，分析是工程量有误还是套定额不准，或是主材价格与市场价格不符，找到原因后马上进行纠正。

3.4.4　投标文件的审查与提交

1. 投标文件的装订与签署

1）投标文件的装订

投标文件应当严格按照招标文件规定的形式装订。如果招标文件没有对装订作详细规定，投标人应注意以下原则。

（1）投标文件内容一般应逐页标注连续页码并编制目录。

（2）投标文件一般采用无线胶装或精装方式，塑圈装订、铁圈装订、骑马订、夹条装订以及活页夹方式，由于容易拆卸，易造成缺页、损坏或投标文件内容被替换，一般不采用。

（3）投标文件的正本与副本应分别装订成册，封面上应标记"正本"或"副本"。"正本"只有一份，"副本"则按招标文件前附表所述的份数提供，同时要明确标明"投标文件正本""投标文件副本"字样。

特别提示

投标文件正本和副本如有不一致之处，以正本为准。

2）投标文件的签署

投标文件应当严格按照招标文件规定签署，并应注意以下原则。

（1）投标函及投标函附录、已标价工程量清单（或投标报价表、投标报价文件）、调价函及调价后报价明细目录等内容均应签署。招标文件要求投标文件逐页小签的，投标人应在除封面以外的所有页以签字人姓或姓名的首字母签署。

（2）投标文件应由投标人的法定代表人或其授权代表签署，并按招标文件的规定加盖投标人单位印章。投标文件由授权代表签字的，应附单位法定代表人或负责人签署的授权委托书。

（3）投标文件应尽量避免涂改、行间插字或删除。如果出现上述情况，改动之处应加盖单位章或单位负责人（或其授权的代理人）签字确认。

（4）以联合体形式参与投标的，投标文件应按联合体投标协议，由联合体牵头人的法定代表人或其委托代理人按规定签署并加盖牵头人单位印章。

（5）招标文件要求盖投标单位法人公章的，不能以投标人下属部门、分支机构印章或合同章、投标专用章等代替。

【案例 3-5】 某市城轨某区间建筑电气及机电设备招投标在某公共资源交易中心举行。在评标会上,专家发现某公司的投标文件中投标承诺书没有签名。评审专家查找投标文件的正本,发现也没有签名盖章,后来评审专家还发现,这家公司的投标文件法人代表授权书、投标函等都没有签名盖章。因此,评标委员会在初审中依规否决了这家投标人,这家公司遗憾地失去了进行下一步评审的权利。

【分析】 《招标投标实施条例》第五十一条第一款规定,投标文件未经投标单位盖章和单位负责人签字,评标委员会应当否决其投标。《评标委员会和评标方法暂行规定》也有规定,投标文件没有投标人授权代表签字和加盖公章,视为未能对招标文件作出实质性响应,属重大偏差,应否决其投标。本案例中,法人代表授权书、投标函没有签名,无法确认是否代表投标人公司行为,视为投标无效。因此,在投标书的编制过程中,对招标文件规定的投标文件封面签名盖章、盖骑缝章等要求,应认真检查对照,避免因细节上的错漏导致失去中标机会。

2. 投标文件密封

为了避免泄露投标文件内容,投标人应对包装好的投标文件进行密封。如果招标文件对投标文件的密封有要求,投标人必须按照招标文件的要求密封,否则投标文件会被拒收。

采用电子招标投标的,投标人应当按照招标文件和电子招标投标交易平台的要求编制并加密投标文件。

3. 投标文件的审查

在投标文件正式提交之前,投标小组应仔细审查标书文件,查漏补缺。除对投标文件内容要仔细审查外,还要注意以下几点。

1)投标文件格式

投标文件应按照招标文件提供的格式和要求编制,其中表格可以按同样格式扩展。投标人根据招标文件的要求和条件填写投标文件的有关内容时,凡要求填写的内容都必须填写;否则,即被视为放弃。对于实质性的项目或数字如工期、质量等级、价格等未填写的,将被作为无效或被否决的投标文件处理。

2)投标文件打印成稿

投标文件应当用不褪色墨水书写或打印,字迹端正、装订整齐,附件资料齐全,扫描件要清晰不得涂改;如有必要,可增加附页作为投标文件的组成部分,并按招标文件要求签字盖章,要注重文本编排等细节。

3)投标文件日期

投标文件的日期签署要正确。投标文件中很多地方需要签署日期,如投标函、授权函等重要的函件,要注意日期的前后对应。如某投标文件的法人代表授权书,授权日期在开标日期之后。由于投标人粗心,将法人代表授权委托书的签署日期由 2018 年 5 月 1 日打成了 2028 年 5 月 1 日,评标专家为了维护评标的严肃性,判定此投标书为无效投标。

4)是否前后矛盾

要注意投标文件是否有前后矛盾之处。如标书前后数量不符,价格总价和单价数量乘积或小计不符;公司名称与公章不一致等。

4. 投标文件的提交

投标人应当在招标文件规定的投标截止时间前,将投标文件密封并送达指定地点。提交投标文件的最佳方式是自行或委托代理人直接送达,以便获得签收回执。实践中较少采用邮寄方式送达。采用邮寄方式的,投标人必须留出邮寄的时间,以保证投标文件能够在截止时间之前送达招标人指定的地点。需要注意的是,以邮寄方式送达的投标文件,投标文件的提交时间以招标人实际收到投标文件的时间为准,而不是以邮戳时间为准。

利用电子信息手段进行电子招标投标的项目,投标人应当在投标截止前完成电子投标文件的传输提交。

为防止因送达时间、密封状况等情形出现争议,投标人提交投标文件后,应向招标人索要投标文件签收回执。

5. 投标文件的补充与修改

投标文件的补充与修改是指对已经提交的投标文件中遗漏、不足或错误的部分进行增补与修订。投标人在投标截止时间前,可以修改和补充投标文件,并书面通知招标人,这些修改和补充文件也应当按照招标文件的要求签署、盖章,并密封送达,补充修改的内容构成投标文件的组成部分。

特别提示

投标人不得在投标截止时间后对投标文件进行补充和修改。

6. 投标文件的澄清与说明

投标文件的澄清与说明是指在评审过程中,投标人应评标委员会的要求,对投标文件中含义不明确的内容、前后表述不一致、明显的文字或者计算错误而作出的书面补充或澄清。

特别提示

在评审过程中,投标人不得主动提出澄清、说明的要求,也不得借助澄清、说明的机会,改变投标文件的实质性内容。评审过程中,投标人提供的澄清与说明文件对投标人具有约束力。如果中标,澄清文件可以作为签订合同的依据,或作为合同的组成部分。

7. 投标文件的撤回与撤销

投标人有权撤回自己提交的投标文件。在投标截止日期之前,允许投标人撤回投标文件,但撤回已经提交的投标文件必须以书面形式通知招标人,以备案待查。投标人既可以在法定时间内重新编制投标文件,并在规定时间内送达指定地点;也可以放弃投标。投标截止后,投标人不得撤销投标文件,否则招标人可以不退还其投标保证金。

【案例3-6】 某市某土建工程开标,投标人A递交投标文件迟到了1分钟,但投标单位总共只有A、B、C 3家,如果拒绝接收该投标人A的投标文件,则投标人不足3家,需要重新招标,这是招标人、招标代理机构包括投标人都不愿看到的。当时监管人员看到这种情况,采取了"人性化"的处理方式,要求投标人B、C作出书面承诺:同意招标人接收迟到了的投标文件,正常开标。评标结果为:迟到了的投标人中标。有关部门接到举报,称招标人不能接收迟到的投标文件,这种行为违法。

【问题】 有关部门应如何处理?

8. 投标文件的拒收情形

投标人应当掌握投标文件的拒收情形,避免在提交环节功亏一篑,进而失去投标竞争资格。

《招标投标法实施条例》规定的投标文件拒收情形有以下3种。

(1) 实行资格预审的招标项目,未通过资格预审的申请人提交的投标文件。

(2) 逾期送达的投标文件,即在招标文件规定的投标截止时间之后送达的投标文件。

(3) 未按招标文件要求密封的投标文件。

采用电子招标投标的,投标人未按规定加密的电子投标文件会被电子招标投标交易平台拒收。

3.4.5　投标担保

1. 投标有效期

招标文件应当规定一个适当的投标有效期,以保证招标人有足够的时间完成评标和与中标人签订合同。投标有效期从投标人提交投标文件截止之日起计算。

> **特别提示**
>
> 投标文件的有效期应当不短于招标文件中规定的投标有效期。在原投标有效期结束前,出现特殊情况的,招标人可以书面形式要求所有投标人延长投标有效期。投标人同意延长的,不得要求或被允许修改其投标文件的实质性内容,但应当相应延长其投标保证金的有效期;投标人拒绝延长的,其投标失效,但投标人有权收回其投标保证金。因延长投标有效期造成投标人损失的,招标人应当给予补偿,但因不可抗力需要延长投标有效期的除外。

2. 投标担保的约束条件

由于投标担保是在投标截止日期以前投标人随同投标文件一起提交给投标人的,因此投标保证约束的是开标后投标人的行为。

投标截止日期前,投标人的任何行为都可以自主决定而不构成投标人违约,如申请资格预审后不递交资格预审文件、资格预审合格者不购买招标文件、购买招标文件后不参与投标、递交投标文件后在投标截止日前以书面形式要求撤回投标书或更改其内容等,均不能视为投标人违约。

投标人在投标截止日期后构成违约行为的,招标人可以没收投标保证金,具体情况包括以下几种。

(1) 投标截止日期后要求撤标。

(2) 开标日后坚持要求对投标文件作实质性修改。

(3) 对经评标委员会修正后的报价计算错误拒绝签字确认。

(4) 接到中标通知书后拒绝签订合同。

(5) 中标后不在招标文件规定的时间内向招标人提供履约保证。

单 元 小 结

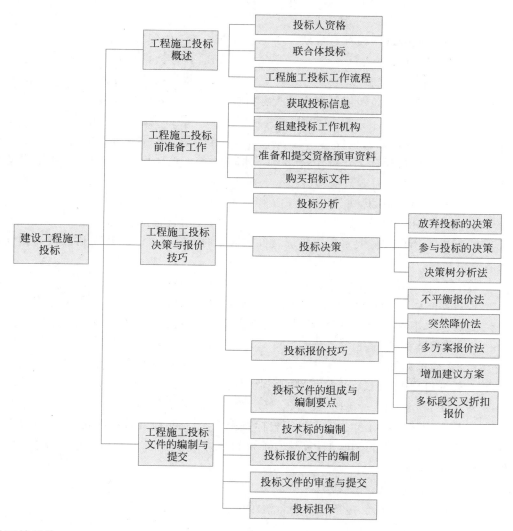

【学习笔记】

思考与练习

一、单项选择题

1. 投标文件正本和副本如有不一致之处,以( )为准。

    A. 正本   B. 副本   C. 两者均可   D. 重新编制

2. 招标文件应当载明投标有效期。投标有效期从( )起算起。

    A. 招标文件发出之日   B. 评标截止日期

    C. 确定中标人之日   D. 提交投标文件截止日

3. 由同一专业的单位组成的联合体投标,按照( )确定资质等级。

    A. 牵头单位   B. 资质等级较高的单位

    C. 资质等级较低的单位   D. 建设单位认可的单位

4. 按照施工项目投标工作程序,在参加完招标人组织的踏勘项目现场后,接下来的步骤是( )。

    A. 投标人编制投标文件   B. 发售招标文件

    C. 确定招标组织形式   D. 召开标前会议

5. 投标人在招标文件要求提交投标文件的截止时间前,( )补充、修改或者撤回已提交的投标文件。

    A. 经招标人同意后可以   B. 不可以

    C. 经主管部门同意后可以   D. 可以

6. 投标人采取不平衡报价时,预计今后工程量会减少的项目可( )。

    A. 单价适当提高   B. 单价适当降低

    C. 工程量调低   D. 工程量调高

7. 在投标过程中,如投标人假借别的企业的资质,弄虚作假来投标违反了( )原则。

    A. 公开   B. 公平   C. 诚实信用   D. 公正

8. 采用工程量清单计价法的项目招投标过程中,投标单位在投标报价中,应按招标单位提供的工程量清单的每一单项计算填写单价和合价,在开标后发现投标单位没有按招标文件的要求填写,则( )。

    A. 允许投标单位补充填写

    B. 认为此项费用已包括在工程量清单中的其他单价和合价中

    C. 视为投标被否决

    D. 由招标人退回投标书

9. A、B 两个工程承包单位组成施工联合体投标,A 单位为施工总承包一级资质,B 单位为施工总承包二级资质,则该施工联合体应按( )资质确定等级。

    A. 一级   B. 二级   C. 三级   D. 特级

10. A、B 两个工程承包单位组成施工联合体投标,参与竞标某房地产开发商的住宅工程,则下列说法错误的有( )。

    A. A、B 两个单位以一个投标人的身份参与投标

    B. 如果中标,A、B 两个单位应就各自承担的部分与房地产开发商签订合同

    C. 如果中标,A、B 两个单位应就中标项目向该房地产开发商承担连带责任

        D. 如果在履行合同中 B 单位破产,则 A 单位应当承担原由 B 单位承担的工程任务

11. 下列关于工程招投标的说法,正确的是(　　　)。

    A. 在投标有效期内,投标人可以补充、修改或者撤回其投标文件

    B. 投标人在招标文件要求提交投标文件的截止时间前,可以补充、修改或者撤回投标

    C. 投标人可以挂靠或借用其他企业的资质证书参加投标

    D. 投标人之间可以先进行内部竞价,内定中标人

12. 下列关于联合体共同投标的说法,正确的是(　　　)。

    A. 两个以上法人或其他组织可以组成一个联合体,然后再以一个投标人的身份共同投标

    B. 联合体各方只要其中任意一方具备承担招标项目的能力即可

    C. 由同一专业的单位组成的联合体,投标时按照资质等级较高的单位确定资质等级

    D. 联合体中标后,应选择其中一方代表与招标人签订合同

13. 若业主拟订的合同条件过于苛刻,为使业主修改合同,可准备两个报价,并阐明若按原合同规定,投标报价为某一数值,若合同作某些修改,则投标报价为另一数值,即比前一数值的报价低一定的百分点,以此吸引对方修改合同。但必须报两个价格,而不能只报备选方案的价格,否则投标可能被否决。此种报价方法称为(　　　)。

    A. 不平衡报价法　　　　　　　　　　B. 多方案报价法

    C. 突然降价法　　　　　　　　　　　D. 低价夺标法

14. 当一个工程项目总价基本确定后,通过调整内部各个项目的报价,以期既不提高报价、不影响中标,又能在结算时得到较为理想的经济效益,这种报价技巧叫作(　　　)。

    A. 突然降价法　　　　　　　　　　　B. 多方案报价法

    C. 可供选择的项目的报价　　　　　　D. 不平衡报价法

15. 工程项目投标是指具有(　　　)的投标人,根据招标条件,经过初步研究和估算,于指定期限内填写标书,提出报价,并等候开标,决定能否中标的经济活动。

    A. 充足资金　　　　　　　　　　　　B. 良好信誉

    C. 委托丰富经验　　　　　　　　　　D. 合法资格和能力

16. 下列选项中,不属于施工投标文件的内容有(　　　)。

    A. 投标函　　　　B. 投标报价　　　　C. 标底　　　　D. 施工方案

17. 下列选项中,不属于施工投标文件的内容有(　　　)。

    A. 投标函　　　　B. 商务标　　　　C. 技术标　　　　D. 评标办法

18. 投标人对招标文件或者在现场踏勘中如果有疑问或者不清楚的地方,应当用(　　　)的形式咨询。

    A. 书面　　　　　B. 电话　　　　　C. 口头　　　　D. 会议

19. 在工程量清单计价模式下,单位工程费汇总表不包括的项目是(　　　)。

    A. 措施项目清单计价合计　　　　　　B. 直接费清单计价合计

    C. 其他项目清单计价合计　　　　　　D. 规费与税金

20. 下列说法不正确的是(　　　)。

　A. 投标人应当具备承担招标项目的能力

　B. 两个不同的投标单位可以委托同一个咨询公司办理投标事宜

　C. 投标人投标时,不得提供虚假的财务状况或者工程业绩

　D. 不同投标人的投标文件异常一致或者投标报价呈规律性差异,可视为投标人串标

二、多项选择题

1. 下列情形中,视为投标人相互串通投标的有(　　　)。

　A. 不同投标人的投标文件由同一人编制

　B. 不同投标人的投标文件的报价呈规律性差异

　C. 不同投标人的投标文件相互混装

　D. 属于同一组织的成员按照该组织要求协同投标

　E. 投标人之间约定部分投标人放弃投标

2. 关于投标保证金的说法,不正确的是(　　　)。

　A. 招标分两阶段进行,招标人要求投标人提交投标保证金的,应当在第一阶段提出

　B. 投标保证金有效期从提交投标文件之日起算

　C. 招标人终止招标的,应当及时退还已收取的投标保证金,招标文件未规定利息的,可以不返还利息

　D. 投标保证金有效期应当与投标有效期一致

3. 关于电子招标投标的说法,不正确的是(　　　)。

　A. 投标人在投标截止时间前不得补充、修改或者撤回投标文件

　B. 投标人在投标截止时间前未完成投标文件传输的,视为撤销投标文件

　C. 投标人在投标截止时间后送达的投标文件,电子招标投标交易平台不得拒收

　D. 投标人应当在投标截止时间前完成投标文件的传输递交

4. 单位工程工程量清单计价的费用是指按招标文件的规定,完成工程量清单所列项目的全部费用,包括(　　　)。

　A. 分部分项工程费　　　　　　B. 分部工程费

　C. 措施项目费　　　　　　　　D. 规费和税金

　E. 其他项目费

5. 通常情况下,下列招标项目应放弃投标(　　　)。

　A. 投标人主营和兼营能力之外的工程项目

　B. 工程项目规模、技术要求超过投标人技术水平的工程项目

　C. 投标人生产饱满,而招标工程的盈利水平较低或风险较大的项目

　D. 投标人技术等级、信誉、施工技术、管理水平明显不如竞争对手的工程项目

　E. 项目管理难度较低,投标人履约风险不高的工程项目

6. 某省地税局办公楼扩建工程项目招标,有十几家单位参与竞标,根据《招标投标法》关于联合体投标的规定,下列说法正确的有(　　　)。

　A. 甲单位资质不够,可以与别的单位组成联合体参与竞标

　B. 乙、丙两单位组成联合体投标,它们应当签订共同投标协议

C. 丁、戊两单位构成联合体,它们签订的共同投标协议应当提交招标人

D. 己、庚两单位构成联合体,它们各自对招标人承担责任

E. 辛、壬两单位构成联合体,两家单位对投标人承担连带责任

7. 参与竞标需缴纳的费用有( )。

A. 购买招标文件费用   B. 图纸押金

C. 履约保证金   D. 投标保证金

8. 下列关于施工项目投标保证金的说法正确的是( )。

A. 招标人在招标文件中可以要求投标人提交投标保证金

B. 投标保证金有效期应当与投标有效期一致

C. 两阶段进行招标的项目,投标保证金应当在第一阶段提出

D. 中标人无正当理由不与招标人订立合同,取消其中标资格投标保证金不予退还

E. 投标保证金不得超过招标项目估价的2%,但最高不超过80万元人民币

9. 根据《招标投标法实施条例》,下列投标人的行为中属于弄虚作假行为的有( )。

A. 使用伪造、变造的许可证件

B. 投标人之间协商投标报价

C. 不同投标人的投标文件相互混装

D. 投标人之间约定部分投标人放弃中标

E. 提供虚假的财务状况

10. 根据《标准施工招标资格预审文件》和《标准施工招标文件暂行规定》,下列文件属于投标文件内容的有( )。

A. 投标函及其附录   B. 施工组织设计

C. 项目管理机构   D. 法定代表人身份证明

E. 投标邀请书

三、简答题

1. 投标文件由哪几部分组成?

2. 投标文件的编制有哪些步骤?

_____

_____

_____

_____

_____

_____

_____

_____

_____

_____

_____

_____

_____

四、案例分析题

某承包人在工程承包市场上有 3 项工程可参与投标,但由于能力所限,只能参加一项工程的投标,对任何一项工程,企业都可以投以"高标",也可以投以"低标"。"高标"的中标率为 0.3,"低标"的中标率为 0.6。若投标失败,其相应的损失:工程 A 为 1000 元,工程 B 为 600 元,工程 C 为 400 元。各项工程预期利润的概率,根据以往的情况估计如表 3-8 所示。

问题:承包人在投标竞争中为了谋求最大的利润,应确定对哪项工程投哪种标?

表 3-8　各项工程预期利润的概率

工程项目	标型	利润估计	概率	利润值/元
工程 A	高标	乐观利润	0.3	12 000
		期望利润	0.5	8 000
		悲观利润	0.2	4 000
	低标	乐观利润	0.2	8 000
		期望利润	0.5	4 000
		悲观利润	0.3	−1 000
工程 B	高标	乐观利润	0.1	8 000
		期望利润	0.6	4 000
		悲观利润	0.3	1 000
	低标	乐观利润	0.2	6 000
		期望利润	0.6	2 000
		悲观利润	0.2	0
工程 C	高标	乐观利润	0.4	10 000
		期望利润	0.3	6 000
		悲观利润	0.3	2 000
	低标	乐观利润	0.3	8 000
		期望利润	0.4	4 000
		悲观利润	0.3	2 000

单元 4 建设工程开标、评标与定标

模块 4.1 建设工程开标

4.1.1 开标的组织

1. 开标参与人

开标由招标人主持,邀请所有投标人参加。招标人可以在招标文件中进一步说明投标人的法定代表人或其委托代理人不参加开标的法律后果。例如,投标人法定代表人或其委托人不参加开标的,视为投标人承认开标记录,不得事后对开标记录提出任何异议。

特别提示

> 招标人邀请所有投标人开标是招标人的法定义务;是否参加开标是投标人的权利。不应以投标人不参加开标为由否决其投标。

根据项目的不同情况,招标人可以邀请除投标人以外的其他方面相关人员参加开标。《招标投标法》第三十六条规定,招标人可以委托公证机构对开标情况进行公证。在实际的招标投标活动中,招标人经常邀请行政监管部门、纪检监察部门等参加开标,对开标程序进行监督。

2．开标的时间与地点

开标时间与地点应当在招标文件中事先确定。开标时间应与提交投标文件的截止时间相一致。将开标时间规定为提交投标文件截止时间的同一时间，目的是防止招标人或者投标人利用提交投标文件的截止时间以后与开标时间之前的一段时间间隔进行暗箱操作。

> **特别提示**
>
> 招标人应当按照招标文件规定的时间、地点开标。开标时间、地点、程序和内容不宜更改。招标人若确需更改开标时间和地点的，应以书面形式通知所有获取招标文件的潜在投标人。

3．开标的形式

1）公开开标

邀请所有的投标人参加开标仪式，其他愿意参加者也不受限制，当众公开开标。

2）有限开标

只邀请投标人和有关人员参加开标仪式，其他无关人员不得参加，当众公开开标。

3）秘密开标

开标只有负责招标的组织成员参加，不允许投标人参加开标，然后将开标的名次结果通知投标人，不公开报价，其目的是不暴露投标人的准确报价数字。

4.1.2 开标的程序和主要内容

1．开标程序

主持人通常按下列程序进行开标。

（1）宣布开标纪律。

（2）开标主持人检验各投标单位法定代表人或其指定代理人的证件、委托书，确认无误；公布在投标截止时间前递交投标文件的投标人名称，并签到或点名确定投标人是否派人到场。

（3）宣布开标人、唱标人、记录人、监标人等有关人员姓名；重申招标文件要点，宣布评标办法。

（4）按投标人须知前附表规定检查投标文件的密封情况。

（5）按照招标文件投标人须知前附表的规定确定并宣布投标文件开标顺序，例如按标书送达时间或以抽签方式排列拆封次序。

（6）设有标底的，公布标底。

（7）按照开标顺序当众开标，唱标人当众拆封并唱标，宣读投标人名称、投标价格和其他有关内容。招标人指定记录人将开标的整个过程记录在案，由主持人和其他有关人员签字确认，存档备查。

（8）开标结束。

特别提示

　　投标人少于3个的，不得开标，招标人应当重新招标。投标人对开标有异议的，应当在开标现场提出，招标人应当当场作出答复，并作记录。

　　根据《工程建设项目施工招标投标办法》第五十条，投标文件有下列情形之一的，招标人应当拒收：（一）逾期送达；（二）未按招标文件要求密封。

2. 开标的主要内容

1）密封情况检查

当众检查投标文件的密封情况。检查由投标人或者其推选的代表进行。如果招标人委托了公证机构对开标情况进行公证，也可以由公证机构检查并公证。如果投标文件未密封，或者存在拆开过的痕迹，则不能进入后续的程序。

2）拆封

当众拆封所有的投标文件。招标人或者其委托的招标代理机构的工作人员，应当对所有在投标文件截止时间之前收到的合格的投标文件，在开标现场当众拆封。

3）唱标

招标人或者其委托的招标代理机构的工作人员应当根据法律规定和招标文件要求进行唱标，即宣读投标人名称、投标价格和投标文件的其他主要内容。没有开封没有进行唱标的投标文件，不得进入评标环节。

4）记录并存档

招标人或者其委托的招标代理机构的工作人员应当现场制作开标记录，记载开标的时间、地点、参与人、唱标内容等情况，并由参加开标的投标人代表签字确认。开标记录应作为评标报告的组成部分存档备查。开标记录表示例见表4-1。

表 4-1　开标记录表示例

＿＿＿＿＿＿＿（项目名称）＿＿＿＿＿＿＿标段施工开标记录表

开标时间：＿＿＿＿年＿＿月＿＿日＿＿时＿＿分

序号	投标人	密封情况	投标保证金	投标报价/万元	质量目标	工期	备注	签名
招标人编制的标底								

招标人代表：＿＿＿＿＿＿　　　记录人：＿＿＿＿＿＿　　　监标人：＿＿＿＿＿＿

＿＿＿＿＿＿年＿＿＿月＿＿＿日

【案例 4-1】 某重点工程项目计划于 12 月 28 日开工，A、B、C、D、E 5 家施工承包企业购买了招标文件。招标文件中规定，10 月 18 日下午 4 时是投标截止时间。

在投标截止时间之前，A、B、C、D、E 5 家企业于 10 月 18 日下午 4 时前提交了投标文件；10 月 21 日下午由当地招投标监督管理办公室主持进行了公开开标。

评标委员会成员共由 7 人组成，其中当地招投标监督管理办公室 1 人，公证处 1 人，招标人 1 人，技术、经济方面专家 4 人。评标委员会于 10 月 28 日提出了评标报告。B、A 企业综合得分排名第一、第二。由于 B 企业投标报价高于 A 企业，11 月 10 日招标人向 A 企业发出了中标通知书，并于 12 月 12 日签订了书面合同。

【问题】

(1) 开标的程序是否符合要求？

(2) 评标委员会的组成是否符合规定？

(3) 签订合同的时间是否符合规定？

模块 4.2 建设工程评标

评标是指按照规定的评标标准和方法，对各投标人的投标文件进行评价比较及分析，从中选出最佳投标人的过程。

4.2.1 评标委员会

1. 评标委员会的组成人员

评标由招标人依法组建的评标委员会负责。评标专家应当从事相关领域工作满 8 年并具有高级职称或者具有同等专业水平。

> **特别提示**
>
> 依法必须进行招标的项目，评标委员会由招标人的代表和有关技术、经济等方面的专家组成，成员人数为 5 人以上单数，其中技术、经济等方面的专家不得少于成员总数的 2/3。
>
> 招标人应当选派或者委托责任心强、熟悉业务、公道正派的人员作为招标人代表参加评标，并遵守利益冲突回避原则。
>
> 严禁招标人代表私下接触投标人、潜在投标人、评标专家或相关利害关系人；严禁在评标过程中发表带有倾向性、误导性的言论或者暗示性的意见建议，干扰或影响其他评标委员会成员公正独立评标。
>
> 招标人代表发现其他评标委员会成员不按照招标文件规定的评标标准和方法评标的，应当及时提醒、劝阻并向有关招标投标行政监督部门报告。

2. 评标委员会的组成方式

评标委员会的组成方式见表 4-2。其中，特殊招标项目是指技术复杂、专业性强或者国家有特殊要求，采取随机抽取方式确定的专家难以保证胜任评标工作的项目。

表 4-2　评标委员会的组成方式

项 目 属 性	评标委员会确定方式
依法必须进行招标的项目	从国务院有关部门或者省、自治区、直辖市人民政府有关部门提供的专家名册或者招标代理机构的专家库内的相关专业的专家名单中确定
一般招标项目	随机抽取
特殊招标项目	招标人直接确定

特别提示

有关行政监督部门应当按照规定的职责分工,对评标委员会成员的确定方式、评标专家的抽取和评标活动进行监督。行政监督部门的工作人员不得担任本部门负责监督项目的评标委员会成员。

3. 评标委员会评标原则与纪律

1) 评标原则

评标委员会成员应当遵循公平、公正、科学、择优的原则,认真研究招标文件,根据招标文件规定的评标标准和方法,对投标文件进行系统地评审和比较。招标文件没有规定的评标标准和方法不得作为评标的依据。

评标过程中发现问题的,应当及时向招标人提出处理建议;发现招标文件内容违反有关强制性规定或者招标文件存在歧义、重大缺陷导致评标无法进行时,应当停止评标并向招标人说明情况;发现投标文件中含义不明确、对同类问题表述不一致、有明显文字和计算错误、投标报价可能低于成本影响履约的,应当先请投标人作必要的澄清、说明,不得直接否决投标;有效投标不足三个的,应当对投标是否明显缺乏竞争和是否需要否决全部投标进行充分论证,并在评标报告中记载论证过程和结果;发现违法行为的,以及评标过程和结果受到非法影响或者干预的,应当及时向行政监督部门报告。

招标人要重视发挥评标专家的专业和经验优势,又要通过科学设置评标标准和方法,引导专家在专业技术范围内规范行使自由裁量权;根据招标项目实际需要,合理设置专家抽取专业,并保证充足的评标时间。

2) 评标纪律

评标专家应当认真、公正、诚实、廉洁、勤勉地履行专家职责,按时参加评标,严格遵守评标纪律。评标专家与投标人有利害关系的,应当主动提出回避;不得对其他评标委员会成员的独立评审施加不当影响;不得私下接触投标人,不得收受投标人、中介人、其他利害关系人的财物或者其他好处,不得接受任何单位或者个人明示或者暗示提出的倾向或者排斥特定投标人的要求;不得透露评标委员会成员身份和评标项目;不得透露对投标文件的评审和比较、中标候选人的推荐情况、在评标过程中知悉的国家秘密和商业秘密以及与评标有关的其他情况;不得故意拖延评标时间,或者敷衍塞责随意评标;不得在合法的评标劳务费之外额外索取、接受报酬或者其他好处;严禁组建或者加入可能影响公正评标的微信群、QQ 群等网络通信群组。

招标人、招标代理机构、投标人发现评标专家有违法行为的,应当及时向行政监督部门报告。行政监督部门对评标专家违法行为应当依法严肃查处,并通报评标专家库管理单位、评标专家所在单位和入库审查单位,不得简单以暂停或者取消评标专家资格代替行政处罚;暂停或者取消评标专家资格的决定应当公开，强化社会监督；涉嫌犯罪的，及时向有关机关移送。

特别提示

评标委员会成员的名单在中标结果确定前应当保密。

4. 评标委员会成员的回避更换制度

依法必须进行招标的项目的招标人不得更换依法确定的评标委员会成员。评标委员会成员与投标人有利害关系的，应当主动回避。与投标人有利害关系的人不得进入相关项目的评标委员会；已经进入的应当更换。

根据《评标委员会和评标方法暂行规定》，依法必须招标的项目，有下列情形之一的人员，不得担任评标委员会成员。

（1）投标人或者投标人主要负责人的近亲属。

（2）项目主管部门或者行政监督部门的人员。

（3）与投标人有经济利益关系，可能影响对投标公正评审的。

（4）曾因在招标、评标以及其他与招标投标有关活动中有违法行为而受过行政处罚或刑事处罚的。

评标过程中，评标委员会成员有回避事由、擅离职守或者因健康等原因不能继续评标的，应当及时更换。被更换的评标委员会成员作出的评审结论无效，由更换后的评标委员会成员重新进行评审。

4.2.2 工程建设项目评标办法

根据《评标委员会和评标方法暂行规定》《工程建设项目施工招标投标办法》《工程建设项目货物招标投标办法》等规定，工程建设项目评标方法分为经评审的最低投标价法、综合评估法，以及法律、行政法规允许的其他评标方法。

1. 经评审的最低投标价法

经评审的最低投标价法是评标委员会对满足招标文件实质要求的投标文件，根据相关量化因素及量化标准进行价格折算，按照经评审的投标价由低到高的顺序推荐中标候选人，或根据招标人授权直接确定中标人，但投标报价低于其成本的除外。经评审的投标价相等时，投标报价低的优先；投标报价也相等的，由招标人自行确定。

根据《标准施工招标文件》，经评审的最低投标价法的具体评标办法见表 4-3。

表 4-3 经评审的最低投标价法的具体评标办法

条 款 号		评审因素	评审标准
2.1.1	形式评审标准	投标人名称	与营业执照、资质证书、安全生产许可证一致
		投标函签字盖章	有法定代表人或其委托代理人签字或加盖单位章
		投标文件格式	符合第八章"投标文件格式"的要求
		联合体投标人	提交联合体协议书，并明确联合体牵头人（如有）
		报价唯一	只能有一个有效报价
		……	……

续表

条 款 号	评审因素	评审标准
2.1.2	资格评审标准	**营业执照**　具备有效的营业执照
		安全生产许可证　具备有效的安全生产许可证
		资质等级　符合《标准施工招标文件》第二章"投标人须知"第1.4.1项规定
		财务状况　符合《标准施工招标文件》第二章"投标人须知"第1.4.1项规定
		类似项目业绩　符合《标准施工招标文件》第二章"投标人须知"第1.4.1项规定
		信誉　符合《标准施工招标文件》第二章"投标人须知"第1.4.1项规定
		项目经理　符合《标准施工招标文件》第二章"投标人须知"第1.4.1项规定
		其他要求　符合《标准施工招标文件》第二章"投标人须知"第1.4.1项规定
		联合体投标人　符合《标准施工招标文件》第二章"投标人须知"第1.4.2项规定（如有）
		……　……
2.1.3	响应性评审标准	**投标内容**　符合《标准施工招标文件》第二章"投标人须知"第1.3.1项规定
		工期　符合《标准施工招标文件》第二章"投标人须知"第1.3.2项规定
		工程质量　符合《标准施工招标文件》第二章"投标人须知"第1.3.3项规定
		投标有效期　符合《标准施工招标文件》第二章"投标人须知"第3.3.1项规定
		投标保证金　符合《标准施工招标文件》第二章"投标人须知"第3.4.1项规定
		权利、义务　符合《标准施工招标文件》第四章"合同条款及格式"规定
		已标价工程量清单　符合《标准施工招标文件》第五章"工程量清单"给出的范围及数量
		技术标准和要求　符合《标准施工招标文件》第七章"技术标准和要求"规定
		……　……
2.1.4	施工组织设计和项目管理机构评审标准	**施工方案与技术措施**　……
		质量管理体系与措施　……
		安全管理体系与措施　……
		环境保护管理体系与措施　……
		工程进度计划与措施　……
		资源配备计划　……
		技术负责人　……
		其他主要人员　……
		施工设备　……
		试验、检测仪器设备　……
		……　……

续表

条 款 号	评审因素	评 审 标 准
2.2 详细评审标准	单价遗漏	……
	付款条件	……
	……	……

特别提示

经评审的最低投标价法一般适用于具有通用的技术、性能标准,或者招标人对其技术、性能没有特殊要求的招标项目。

经评审的最低投标价法,一般做法是将报价以外的商务部分数量化,并以货币折算成价格,与报价一并计算,形成统一平台的投标价,然后以此价格按高低排出次序。能够满足招标文件实质性要求,在经评审的"投标价"中,最低的投标应当作为中选投标。中标人的投标应当符合招标文件规定的技术要求和标准,但评标委员会无须对投标文件的技术部分进行价格折算。

【案例4-2】 某国外援助资金建设项目施工招标,该项目是职工住宅楼和普通办公大楼,标段划分为甲、乙两个标段。招标文件规定:国内投标人有7.5%的评标价优惠;同时投两个标段的投标人给予评标优惠;若甲标段中标,乙标段扣减4%作为评标优惠价;合理工期为24~30个月,评标工期基准为24个月,每增加1个月评标价加10万元。A、B、C、D、E 5个投标人的投标文件通过资格预审,其中 A、B 两个投标人同时对甲、乙两个标段进行投标;B、D、E 为国内投标人。投标人投标情况见表4-4,甲标段评标结果与乙标段评标结果分别见表4-5和表4-6。

表4-4 投标人投标情况

投标人	报价/百万元		投标工期/月	
	甲标段	乙标段	甲标段	乙标段
A	10	10	24	24
B	9.7	10.3	26	28
C	—	9.8	—	—
D	9.9	—	25	—
E	—	9.5	—	30

表4-5 甲标段评标结果

投标人	报价/百万元	修 正 因 素		评标价/百万元
		工期因素调整/百万元	本国优惠/百万元	
A	10	0	—	10
B	9.7	+0.2	$-9.7 \times 7.5\%$	9.172 5
D	9.9	+0.1	$-9.9 \times 7.5\%$	9.257 5

注:甲标段的中标人应为投标人 B。

表 4-6　乙标段评标结果

投标人	报价/百万元	修正因素			评标价/百万元
		工期因素调整/ 百万元	两个标段优惠/ 百万元	本国优惠/ 百万元	
A	10	0			10
B	10.3	＋0.4	−10.3×4％	−10.3×7.5％	9.515 5
C	9.8	0			9.8
E	9.5	＋0.6		−9.5×7.5％	9.387 5

注：乙标段的中标人应为投标人 E。

2. 综合评估法

根据综合评估法，最大限度地满足招标文件中规定的各项综合评价标准的投标，应当推荐为中标候选人。

评标委员会对满足招标文件实质性要求的投标文件，按照规定的评分标准进行打分，并按得分由高到低顺序推荐中标候选人，或根据招标人授权直接确定中标人，但投标报价低于其成本的除外。综合评分相等时，以投标报价低的优先；投标报价也相等的，由招标人自行确定。

根据《标准施工招标文件》，综合评估法的详细条款见表 4-7。

表 4-7　综合评估法的详细条款

条　款　号		评审因素	评审标准
2.1.1	形式评审 标准	投标人名称	与营业执照、资质证书、安全生产许可证一致
		投标函签字盖章	有法定代表人或其委托代理人签字或加盖单位章
		投标文件格式	符合第八章"投标文件格式"的要求
		联合体投标人	提交联合体协议书，并明确联合体牵头人
		报价唯一	只能有一个有效报价
		······	······
2.1.2	资格评审 标准	营业执照	具备有效的营业执照
		安全生产许可证	具备有效的安全生产许可证
		资质等级	符合第二章"投标人须知"第 1.4.1 项规定
		财务状况	符合第二章"投标人须知"第 1.4.1 项规定
		类似项目业绩	符合第二章"投标人须知"第 1.4.1 项规定
		信誉	符合第二章"投标人须知"第 1.4.1 项规定
		项目经理	符合第二章"投标人须知"第 1.4.1 项规定
		其他要求	符合第二章"投标人须知"第 1.4.1 项规定
		联合体投标人	符合第二章"投标人须知"第 1.4.2 项规定
		······	······
2.1.3	响应性 评审标准	投标内容	符合第二章"投标人须知"第 1.3.1 项规定
		工期	符合第二章"投标人须知"第 1.3.2 项规定
		工程质量	符合第二章"投标人须知"第 1.3.3 项规定
		投标有效期	符合第二章"投标人须知"第 3.3.1 项规定
		投标保证金	符合第二章"投标人须知"第 3.4.1 项规定
		权利、义务	符合第四章"合同条款及格式"规定
		已标价工程量清单	符合第五章"工程量清单"给出的范围及数量
		技术标准和要求	符合第七章"技术标准和要求"规定
		······	······

续表

条 款 号	评审因素	评审标准
2.2.1	分值构成(总分100分)	施工组织设计：_____分 项目管理机构：_____分 投标报价：_____分 其他评分因素：_____分
2.2.2	评标基准价计算方法	—
2.2.3	投标报价的偏差率 计算公式	偏差率＝100％×(投标人报价－评标基准价) ÷评标基准价
2.2.4 (1)	施工组织 设计评分 标准	内容完整性和编制水平 ……
		施工方案与技术措施 ……
		质量管理体系与措施 ……
		安全管理体系与措施 ……
		环境保护管理体系与 措施 ……
		工程进度计划与措施 ……
		资源配备计划 ……
		…… ……
2.2.4 (2)	项目管理 机构评分 标准	项目经理任职资格与 业绩 ……
		技术负责人任职资格与 业绩 ……
		其他主要人员 ……
		……
2.2.4 (3)	投标报价 评分标准	偏差率 ……
		…… ……
2.2.4 (4)	其他因素 评分标准	…… ……

特别提示

根据《房屋建筑和市政基础设施工程施工招标投标管理办法》规定,采用综合评估法的,应当对投标文件提出的工程质量、施工工期、投标价格、施工组织设计或者施工方案、投标人及项目经理业绩等,能否最大限度地满足招标文件中规定的各项要求和评价标准进行评审和比较。以评分方式进行评估的,对于各种评比奖项不得额外计分。

【案例4-3】 某工程项目施工招标方式为邀请招标。招标人经研究考察,邀请5家具备资质等级的施工企业参加投标,各投标人按照技术、商务分为两个标书,分别装订报送,经招标文件确定的评标原则如下。

(1) 技术标占总分的30%。

(2) 商务标占总分的70%,其中报价占30%、工期占20%、企业信誉占10%、施工经验占10%。

(3) 各单项评分满分均为100分,计算取小数点后一位。

(4) 报价评分原则为:以标底的正负3%为合理报价,超过认为是不合理报价,计分以合理报价的下限为 100 分，上升 1% 扣 10 分。

（5）工期评分原则为：以定额工期为基准，提前 15% 为 100 分，每延后 5% 扣 10 分。

（6）企业信誉评分原则为：企业近 3 年工程优良率，如有国家级获奖工程，加 20%，如有省级优良工程奖加 10%。

（7）施工经验的评分原则为：按企业近 3 年承建的类似工程与承建总工程的百分比计算，100% 为 100 分。

经专家对各投标单位所报方案进行比较，针对总平面布置，施工组织网络，施工方法及工期，质量，安全，文明施工措施，机具设备配置，新技术、新工艺、新材料推广应用等项综合评定打分为：A 单位为 95 分、B 单位为 87 分、C 单位为 93 分、D 单位为 85 分、E 单位为 80 分。5 家投标单位的商务标汇总、5 家投标单位的相对报价得分、5 家投标单位的工期得分、5 家投标单位的企业信誉得分、5 家投标单位各项得分及总分分别见表 4-8～表 4-12。

表 4-8　5 家投标单位的商务标汇总

投标单位	报价/万元	工期/月	企业信誉	施工经验
A	5 970	36	50%,获省优工程一项	30%
B	5 880	37	40%	30%
C	5 850	34	55%,获鲁班奖工程一项	40%
D	6 150	38	40%	50%
E	6 090	35	50%	20%
标底	6 000	40	—	—

表 4-9　5 家投标单位的相对报价得分

项 目	投 标 单 位				
	A	B	C	D	E
标底/万元	6 000	6 000	6 000	6 000	6 000
合理报价的下限/万元	5 820	5 820	5 820	5 820	5 820
报价/万元	5 970	5 880	5 850	6 150	6 090
相对报价	102.6%	101%	100.5%	105.7%	104.6%
得分	74	90	95	43	54

表 4-10　5 家投标单位的工期得分

项 目	投 标 单 位				
	A	B	C	D	E
定额工期/月	40	40	40	40	40
以定额工期为准,提前15%的工期/月	34	34	34	34	34
投标工期/月	36	37	34	38	35
工期提前率	5.9%	8.8%	0	11.8%	2.9%
得分	88.2	82.4	100	76.4	94.2

表 4-11　5 家投标单位的企业信誉得分

项目	投标单位				
	A	B	C	D	E
占比	50%＋10%	40%	55%＋20%	40%	50%
得分	60	40	75	40	50

表 4-12　5 家投标单位各项得分及总分

项　目	投 标 单 位				
	A	B	C	D	E
技术标综合得分	95	87	93	85	80
报价综合得分	74	90	95	43	54
工期综合得分	88.2	82.4	100	76.4	94.2
企业信誉综合得分	60	40	75	40	50
施工经验综合得分	30	30	40	50	20
总　分	77.34	76.58	87.9	62.68	66.04

注：C 单位总得分最高,为中标单位。

3. 其他评标方法

除了招标文件中规定的以上两种评标方法,各地为适应当地市场的情况也推出了其他方式。

1) 二次平均法

第一步,先以投标报价的平均值为基准值,测算有超出＋5、—7 或规定的正数比例的报价,若超出,则超出的算是不合理报价,取消下一步的评选资格。第二步,在基准值的上下浮动范围内的投标报价,再算出一个平均值,这就是二次平均值,用此值除以(1＋浮动点)(浮动点均为现场随机抽取,一般在±1.5%之间),得数为评标指标,这个就是最终参考数了。第三步,再以各家单位的投标报价与此评标指标进行比较,无偏差为 100 分,无论正负偏差0.5%或 1%,都从 100 往下扣分,最后就是投标报价得分。

2) 摇号评标法

摇号评标法是指采用摇号招标方式确定中标人。凡总投资在 3 000 万元以下(不含3 000 万元)的,打捆审批项目中的单个项目总投资在 1 000 万元以下(不含 1 000 万元)的中央或省级政府投资工程建设项目,以及总投资在 5 000 万元(含)以下的州、县(市)政府投资或州、县(市)政府投资为主的,经项目审批部门批准立项的工程项目的施工(勘察、设计、监理)招标,将财评招标控制价下浮一定比例(房建和市政类下浮 7%,交通、水利、土地和其他类下浮 8%,勘察、设计、监理参照原政府指导价下浮 30%,行业有具体规定的从其规定)后,即为项目承包合同价和竣工结算价,通过摇号招标方式确定中标人。实行摇号招标的项目,工程量清单、财评招标控制价不列暂估价,工程量原则上不作调整或变更,确需调整或变更的,严格按相关规定执行。

3) 复合标底评标法

复合标底评标法是指在确定评标标底时,将业主标底和各投标单位的投标报价的平均值按一定的比例权重相复合,组成一个复合标底,并以此作为衡量各投标单位的投标报价是否合理的标准。如在一次招投标中共有 6 家投标单位参加投标,则在评标时,将业主标底乘上一个权重 X,6 家投标单位的报标报价的算术平均值乘上一个权重 Y,其中 $X＋Y＝1$,

X、Y 的具体数值必须在开评前由投标领导小组临时决定,由此得出一个评标标底。

用这种方法得出的评标标底,其最大优点就是减轻了标底编制人员的压力,而且相应地淡化了业主标底,只要标底编制中没有很大的遗漏和失误,就不会因此造成投标失败,也同时使人为泄露标底的情况得到控制,因为即使有个别投标单位探知到了标底,也很难探知到其余投标单位的投标报价,毕竟招标投标是一种市场经济行为,同行之间的竞争非常激烈,所以复合标底能较好地保证评标标底的保密性。

4.2.3　评标程序

评标程序如图 4-1 所示。

图 4-1　评标程序

1. 评标准备

评标委员会成员应当编制供评标使用的相应表格,认真研究招标文件,了解和熟悉以下内容:招标的目标,招标项目的范围与性质,招标文件中规定的主要技术要求、标准和商务条款,招标文件规定的评标标准、方法和在评标过程中考虑的相关因素。

招标人或者其委托的招标代理机构应向评标委员会提供评标所需的重要信息和数据。

2. 初步评审

评标委员会可以要求投标人提交规定的有关证明和证件的原件,以便核验。

(1)符合性评审。下列情况属于重大偏差。

① 没有按照招标文件要求提供投标担保或者所提供的投标担保有瑕疵。

② 投标文件没有投标人授权代表签字和加盖公章。

③ 投标文件载明的招标项目完成期限超过招标文件规定的期限。

④ 明显不符合技术规格、技术标准的要求。

⑤ 投标文件载明的货物包装方式、检验标准和方法等不符合招标文件的要求。

⑥ 投标文件附有招标人不能接受的条件。

⑦ 不符合招标文件中规定的其他实质性要求。

投标文件有上述情形之一的,属于未能对招标文件做出实质性响应,按规定其投标将被否决。

(2)技术评审。技术评审审查的内容包括:施工总体布置;施工进度计划;施工方法和技术措施;材料和设备;技术建议和替代方案。

(3)价格分析:报价构成分析;计日工报价;分析前期工程价格提高的幅度;分析标书中所附资金流量表的合理性;分析标书中所提出的财务或付款方面的建议和优惠条件。

(4)管理和技术能力评价:着重评审实施招标工程的具体组织机构和施工管理保障措施。

(5)商务法律评审:着重评审是否有重大偏离;修改合同中某些条款建议的采用价值;替代方案的可行性;评价优惠条件。

> **特别提示**
>
> 在评审中投标报价有算术错误的,评标委员会按以下原则对投标报价进行修正。
>
> (1) 投标文件中的大写金额与小写金额不一致的,以大写金额为准。
>
> (2) 总价金额与依据单价计算出的结果不一致的,以单价金额为准修正总价,但单价金额小数点有明显错误的除外。
>
> 修正的价格经投标人书面确认后具有约束力。投标人不接受修正价格的,评标委员会应当否决其投标。
>
> 依法必须招标的项目,招标人应当简化投标文件形式要求,一般不得将装订、纸张、明显的文字错误等列为否决投标情形。

3. 详细评审

只有通过了初步评审,被判定为合格评标的才能进入详细评审环节。

1) 经评审的最低投标价法详细评审

(1) 施工组织设计和项目管理机构评审。评审因素通常包括施工方案与技术措施、质量管理体系与措施、安全管理体系与措施、环境保护体系与措施、工程进度计划与措施、资源配备计划、技术负责人、其他主要人员、施工设备等。

(2) 价格折算。评标委员会根据招标文件评标办法规定的程序、标准和方法,以及算术错误修正结果,对投标价格进行折算,计算出评标价。

(3) 判断投标报价是否低于成本。

(4) 从业人员资格与业绩评审。

2) 综合评估法详细评审

(1) 评标委员会按规定的量化因素和分值进行打分,并根据算数错误修正结果,汇总计算出综合评估得分。

(2) 判断投标报价是否低于成本。

> **特别提示**
>
> 评标委员会发现投标人的报价明显低于其他投标报价,或者在设有标底时明显低于标底,使得其投标报价可能低于其个别成本的,应当要求该投标人作出书面说明并提供相应的证明材料。投标人不能合理说明或者不能提供相应证明材料的,评标委员会应当认定该投标人以低于成本报价竞标,否决其投标。

4. 澄清、说明或补正

在评标过程中,投标文件中有含义不明确的内容、明显文字或者计算错误,评标委员会认为需要投标人作出必要澄清、说明的,评标委员会可以书面形式要求投标人对所提交投标文件中不明确的内容进行书面澄清或说明,或者对细微偏差进行补正。评标委员会不得暗示或者诱导投标人作出澄清、说明,评标委员会不接受投标人主动提出的澄清、说明或补正。澄清、说明和补正不得改变投标文件的实质性内容。投标人的书面澄清、说明和补正属于投标文件的组成部分。评标委员会对投标人提交的澄清、说明或补正有疑问的,可以要求投标人进一步澄清、说明或补正,直至满足评标委员会的要求。

5. 推荐中标候选人

除投标人须知前附表授权评标委员会直接确定中标人外,评标委员会应按照得分由高到低的顺序推荐中标候选人。评标完成后,评标委员会应当向招标人提交书面评标报告和中标候选人名单。中标候选人应当不超过3个,并标明排序。

6. 评标报告

评标委员会完成评标后,应当向招标人提交书面评标报告,并抄送有关行政监督部门。评标报告应当如实记载以下内容:基本情况和数据表;评标委员会成员名单;开标记录;符合要求的投标一览表;投标被否决的情况说明;评标标准、评标方法或者评标因素一览表;经评审的价格或者评分比较一览表;经评审的投标人排序;推荐的中标候选人名单与签订合同前要处理的事宜;澄清、说明、补正事项纪要。

特别提示

评标报告由评标委员会全体成员签字。对评标结论有异议的评标委员会成员可以书面阐述其不同意见和理由。评标委员会成员拒绝在评标报告上签字且不陈述其不同意见和理由的,视为同意评标结论。评标委员会应当对此作出书面说明并记录在案。向招标人提交书面评标报告后,评标委员会即告解散。评标过程中使用的文件、表格以及其他资料应当及时归还招标人。

招标人应当在中标候选人公示前认真审查评标委员会提交的书面评标报告,发现异常情形的,依照法定程序进行复核,确认存在问题的,依照法定程序予以纠正。重点关注评标委员会是否按照招标文件规定的评标标准和方法进行评标;是否存在对客观评审因素评分不一致,或者评分畸高、畸低现象;是否对可能低于成本或者影响履约的异常低价投标和严重不平衡报价进行分析研判;是否依法通知投标人进行澄清、说明;是否存在随意否决投标的情况。加大评标情况公开力度,积极推进评分情况向社会公开、投标文件被否决原因向投标人公开。

 相关链接

《招标投标法实施条例》第五十一条规定,有下列情形之一的,评标委员会应当否决其投标。

(1) 投标文件未经投标单位盖章和单位负责人签字。

(2) 投标联合体没有提交共同投标协议。

(3) 投标人不符合国家或者招标文件规定的资格条件。

(4) 同一投标人提交两个以上不同的投标文件或者投标报价,但招标文件要求提交备选投标的除外。

(5) 投标报价低于成本或者高于招标文件设定的最高投标限价。

(6) 投标文件没有对招标文件的实质性要求和条件作出响应。

(7) 投标人有串通投标、弄虚作假、行贿等违法行为。

模块 4.3　建设工程定标与合同签订

4.3.1　建设工程定标

1．定标的概念

定标也称中标、决标，是指招标人根据评标委员会的评标报告，在推荐的中标候选人中最后确定中标人。

2．中标的条件

中标人的投标应当符合下列条件之一。

（1）能够最大限度地满足招标文件中规定的各项综合评价标准。

（2）能够满足招标文件的实质性要求，并且经评审的投标价格最低；但是投标价格低于成本的除外。

3．中标的基本过程

1）确定中标人

除招标文件中特别规定了授权评标委员会直接确定中标人外，招标人应根据评标委员会推荐的中标候选人确定中标人。

> **特别提示**
>
> 依法必须进行招标的项目，招标人应当自收到评标报告之日起 3 日内公示中标候选人，公示期不得少于 3 日。
>
> 国有资金占控股或者主导地位的依法必须进行招标的项目，招标人应当确定排名第一的中标候选人为中标人。排名第一的中标候选人放弃中标、因不可抗力不能履行合同、不按照招标文件要求提交履约保证金，或者被查实存在影响中标结果的违法行为等情形，不符合中标条件的，招标人可以按照评标委员会提出的中标候选人名单排序依次确定其他中标候选人为中标人，也可以重新招标。
>
> 在确定中标人之前，招标人不得与投标人就投标价格、投标方案等实质性内容进行谈判。
>
> 中标候选人的经营、财务状况发生较大变化或者存在违法行为，招标人认为可能影响其履约能力的，应当在发出中标通知书前由原评标委员会按照招标文件规定的标准和方法审查确认。

2）投标人提出异议

投标人或者其他利害关系人对依法必须进行招标的项目的评标结果有异议的，应当在中标候选人公示期间提出。招标人应当自收到异议之日起 3 日内作出答复；作出答复前，应当暂停招标投标活动。

3）招标投标结果的备案制度

招标人应当自确定中标人之日起 15 日内，向有关行政监督部门提交招标投标情况的书面报告,并进行备案。

4. 中标无效

以下几种情况的中标无效。

(1)投标人相互串通投标或者与招标人串通投标的。投标人向招标人或者评标委员会成员行贿谋取中标的,中标无效;构成犯罪的,依法追究刑事责任;尚不构成犯罪的,依照《招标投标法》第五十三条的规定处罚。投标人未中标的,对单位的罚款金额按照招标项目合同金额依照《招标投标法》规定的比例计算。

(2)投标人以他人名义投标或者以其他方式弄虚作假骗取中标的。构成犯罪的,依法追究刑事责任;尚不构成犯罪的,依照《招标投标法》第五十四条的规定处罚。依法必须进行招标的项目的投标人未中标的,对单位的罚款金额按照招标项目合同金额依照《招标投标法》规定的比例计算。

(3)依法必须进行招标的项目的招标投标活动违反《招标投标法》的规定的,对中标结果造成实质性影响,且不能采取补救措施予以纠正的,招标、投标、中标无效,应当依法重新招标或者评标。

4.3.2　发送中标通知书与合同签订

1. 中标通知书

中标人确定后,招标人应当向中标人发出中标通知书。中标通知书对招标人和中标人具有法律效力。中标通知书发出后,招标人改变中标结果,或者中标人放弃中标项目的,应当承担法律责任。

2. 合同签订

招标人和中标人应当自中标通知书发出之日起 30 日内,按照招标文件和中标人的投标文件订立书面合同,合同的标的、价款、质量、履行期限等主要条款应当与招标文件及中标人的投标文件的内容一致,招标人和中标人不得再行订立背离合同实质性内容的其他协议。

招标人最迟应当在书面合同签订后 5 日内向中标人和未中标的投标人退还投标保证金及银行同期存款利息。

招标文件要求中标人提交履约保证金的,中标人应当按照招标文件的要求提交。履约保证金不得超过中标合同金额的 10%。

> **特别提示**
>
> 依法必须招标项目的招标人应当及时主动公开合同订立信息,并积极推进合同履行及变更信息公开。加强对依法必须招标项目合同订立、履行及变更的行政监督,强化信用管理,防止"阴阳合同""低中高结"等违法违规行为发生,及时依法查处违法违规行为。

 司法解释

合同实质性内容与招投标文件不一致如何处理?

《建设工程司法解释二》第 10 条规定："当事人签订的建设工程施工合同与招标文件、投标文件、中标通知书载明的工程范围、建设工期、工程质量、工程价款不一致,一方当事人请求将招标文件、投标文件、中标通知书作为结算工程价款的依据的,人民法院应予支持。"

通常把当事人签订的与招标文件实质性内容不一致的建设工程施工合同称为"黑合同",而把经过政府部门备案登记的合同称为"白合同",或者称为"阴阳合同"。

例如,招标人和中标人在中标合同之外就明显高于市场价格购买承建房产、无偿建设住房配套设施、让利、向建设单位捐赠财物等另行签订合同,变相降低工程价款,一方当事人以该合同背离中标合同实质性内容为由请求确认无效的,人民法院应予以支持。

单 元 小 结

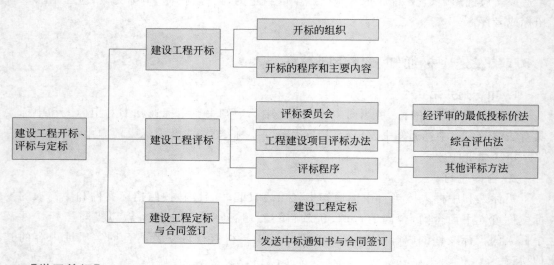

【学习笔记】

思考与练习

一、单项选择题

1. 评标委员会由招标人的代表和有关技术、经济方面的专家组成,成员为5人以上,其中经济、技术等方面的专家不得少于成员总数的(　　)。

　　A. 2/3 　　　　　　 B. 1/2 　　　　　　 C. 1/3 　　　　　　 D. 3/4

2. 某市建设行政主管部门派出工作人员王某,对该市的体育馆招标活动进行监督,则王某有权(　　)。

　　A. 参加开标会议 　　　　　　　　　 B. 作为评标委员会的成员
　　C. 决定中标人 　　　　　　　　　　 D. 参加定标投票

3. 下列关于评标报告的说法中,错误的是(　　)。

　　A. 评标委员会完成评标后,应当向招标人提出书面评标报告
　　B. 评标委员会完成评标后,应当向投标人提出书面评标报告
　　C. 评标报告由评标委员会全体成员签字
　　D. 评标委员会成员拒绝在评标报告上签字且不陈述其不同意见和理由的,视为同意评标结论

4. 在不违反我国《招标投标法》有关规定的条件下,评标委员会的总成员数是9人,则该评标委员会中技术、经济等方面的专家应不少于(　　)人。

　　A. 3 　　　　　　　　 B. 4 　　　　　　　　 C. 5 　　　　　　　　 D. 6

5. 根据我国《招标投标法》的有关规定,下列选项中不符合开标程序的是(　　)。

　　A. 开标应当在招标文件确定的提交投标文件截止时间的同一时间公开进行
　　B. 开标地点应当为招标文件中预先确定的地点
　　C. 开标由招标人主持,邀请部分投标人参加
　　D. 开标时应当当众予以拆封、宣读

6. 根据《招标投标法》和《工程建设项目施工招标投标办法》的有关规定,评标委员会提出书面评标报告后,招标人确定中标人的最迟时间是在投标有效期结束日的前(　　)个工作日。

　　A. 7 　　　　　　　　 B. 15 　　　　　　　　 C. 30 　　　　　　　　 D. 45

7. 某招标人于2023年4月1日向中标人发出了中标通知书。根据相关法律规定,招标人和中标人应在(　　)前订立书面合同。

　　A. 2023年4月15日 　　　　　　　　 B. 2023年5月1日
　　C. 2023年5月15日 　　　　　　　　 D. 2023年6月1日

8. 中标人确定后,招标人应(　　)。

　　A. 向中标人发出通知书,可不将中标结果通知未中标人,但须退还投标保证金或保函
　　B. 向中标人发出通知书,同时将中标结果通知未中标人,但无须退还投标保证金或保函
　　C. 向中标人发出通知书,可不将中标结果通知未中标人,也可不必退还投标保证金或保函

    D. 向中标人发出通知书，同时将中标结果通知所有未中标人，并向未中标人退还投标保证金

9. 下列关于中标通知书的表述，正确的是（   ）。

    A. 中标通知书对招标人具有法律效力，而对中标人无法律效力

    B. 招标人和中标人应当自中标通知书发出之日起 15 日内订立书面合同

    C. 招标人不得向中标人提出任何不合理要求作为订立合同的条件，双方也不得私下订立背离合同实质性内容的协议

    D. 依法必须进行招标的项目，招标人应当自确定中标人之日起 30 日内，向有关行政监督部门提交招标投标情况的书面报告

10. 中标通知书（   ）具有法律效力。

    A. 对招标人和投标人   B. 只对招标人

    C. 只对投标人   D. 对招标人和投标人均不

11. 根据我国《招标投标法》的规定，招标人和中标人按照招标文件和中标人的投标文件订立书面合同的完成时间，应当自中标通知书发出之日起（   ）日内。

    A. 15   B. 30   C. 45   D. 60

12. 中标的承包商将由（   ）决定。

    A. 评标委员会   B. 业主

    C. 上级行政主管部门   D. 监理工程师

13. 《招标投标法》关于开标程序，下列叙述正确的是（   ）。

    A. 招标人只通知一部分投标人参加开标

    B. 开标地点应当为招标人与投标人商定的地点

    C. 开标由招标人主持，邀请所有投标人参加

    D. 招标管理机构作为招标活动的发起者和组织者，应当负责开标的举行

14. 采用最低评标价法进行评标时，关于评标价和投标价的说法，正确的是（   ）。

    A. 按评标价确定中标人，按评标价订立合同

    B. 按评标价确定中标人，按投标价订立合同

    C. 按投标价确定中标人，按投标价订立合同

    D. 按投标价确定中标人，按评标价订立合同

二、多项选择题

1. 《工程建设项目施工招标投标办法》中规定的无效投标文件包括（   ）。

    A. 未按规定的格式填写的投标文件

    B. 在一份投标文件中对同一招标项目报有多个报价的投标文件

    C. 投标人名称与资格预审时不一致的投标文件

    D. 未按照招标文件要求提交投标保证金

    E. 既有法人代表或法人代表授权的代理人的签字，也有单位盖章的投标文件

2. 根据《招标投标法》，评标委员会人员组成中应满足（   ）。

    A. 总人数为 5 人以上的单数

    B. 必须有政府主管部门的人员参加评标

    C. 技术、经济专家不得少于总人数的 2/3

D. 技术、经济专家不得少于 3 人

E. 技术、经济专家 5 人以上

3. 下列关于评标的说法中,符合我国《招标投标法》关于评标有关规定的有(   )。

A. 招标人应当采取必要的措施,保证评标在严格保密的情况下进行

B. 评标委员会完成评标后,应当向招标人提出书面评标报告并决定合格的中标候选人

C. 招标人可以授权评标委员会直接确定中标人

D. 经评标委员会评审,认为所有投标都不符合招标文件要求的,可以否决所有投标

E. 任何单位和个人不得非法干预、影响评标的过程和结果

4. 推迟开标时间的情况有(   )。

A. 招标文件发布后对原招标文件做了变更或补充

B. 开标前发现有影响招标公正情况的不正当行为

C. 出现突发严重的事件

D. 某投标人前往开标地点途中发生交通事故,导致其无法按时赶到开标地点

5. 招投标活动中的评标办法有(   )。

A. 经评审的最低投标价法   B. 综合评估法

C. 资信标量化   D. 商务标量化

6. 下列各项中,属于评标活动应当遵守的原则是(   )。

A. 公平   B. 科学

C. 公开   D. 择优

E. 公正

7. 开标会一般由(   )主持,邀请所有的投标人参加。

A. 公证机构代表人   B. 招标人

C. 投标人代表   D. 行政监督机构

E. 招标代理

8. 关于中标通知书的相关情况,下列说法正确的是(   )。

A. 中标通知书的发出时间不得超过投标有效期的时效范围

B. 中标人确定后,招标人应当向中标人发出中标通知书,无须将中标结果通知所有未中标的投标人

C. 中标通知书可以载明提交履约担保等投标人需注意或完善的事项

D. 中标通知书需要载明签订合同的时间和地点

E. 中标通知书不需要载明签订合同的时间和地点

9. 唱标内容一般包括投标函及投标函附录中的(   )。

A. 施工组织设计   B. 投标函

C. 完成期限   D. 质量目标

E. 投标保证金

10. 评标分为(   )两个阶段。

A. 详细评审   B. 初步评审

C. 工作准备   D. 评标报告

E. 评审

三、简答题

1. 开标的程序是什么？

2. 评标委员会如何组成？

3. 什么是经评审的最低投标价法？

4. 什么是综合评估法？

5. 中标有哪些条件？

四、案例分析题

1. 某房地产公司计划在北京开发某住宅项目，采用公开招标的形式，有 A、B、C、D、E 5 家施工单位领取了招标文件。本工程招标文件规定 1 月 20 日上午 10：30 为投标文件接收终止时间。在提交投标文件的同时，需投标单位提供投标保证金 20 万元。

在 1 月 20 日，A、B、C、D 4 家投标单位在上午 10：30 前将投标文件送达，E 单位在上午 11：00 送达。各单位均按招标文件的规定提供了投标保证金。在上午 10：25 时，B 单位向招标人递交了一份投标价格下降 5% 的书面说明。

在开标过程中，招标人发现 C 单位的标书密封袋密封处仅有投标单位公章，没有法定代表人印章或签字。

问题：

(1) C、E 单位的标书是否有效？

(2) B 单位向招标人递交的书面说明是否有效？

（3）通常情况下，投标被否决的情况有哪些？

2. 某大型工程由于技术难度大，对施工单位的施工设备和同类工程施工经验要求高，而且对工期的要求比较紧迫。建设单位在对有关单位和在建工程考察的基础上，仅邀请了3家国有一级施工企业参加投标，并预先与咨询单位和该3家施工单位共同研究确定了施工方案。业主要求投标单位将技术标和商务标分别装订报送。经招标领导小组研究确定的评标规定如下。

（1）技术标共30分，其中施工方案10分（因已确定施工方案，各投标单位均得10分）、施工总工期10分、工程质量10分。满足业主总工期要求（36个月）者得4分，每提前1个月加1分，不满足者不得分。自报工程质量合格者得4分，自报工程质量优良者得6分（若实际工程质量未达到优良将扣罚合同价的2%），3年内获鲁班工程奖每项加2分，获省优工程奖每项加1分。

（2）商务标共70分。报价不超过标底（35 500万元）的±5%者为有效标，超过者为废标。报价为标底的98%者得满分（70分），在此基础上，报价比标底每下降1%，扣1分，每上升1%，扣2分（计分按四舍五入取整）。

各投标单位标书主要数据见表4-13。

表4-13　各投标单位标书主要数据

投标单位	报价/万元	总工期/月	自报工程质量	鲁班工程奖	省优工程奖
A	35.642	33	优良	1	1
B	34.364	31	优良	0	2
C	33.867	32	合格	0	1

问题：

（1）该工程采用邀请招标方式且仅邀请3家施工单位投标，是否违反有关规定？为什么？

（2）若改变该工程评标的有关规定，将技术标增加到40分，其中施工方案20分（各投标单位均得20分），商务标减少为60分，是否会影响评标结果？为什么？若影响，应由哪家施工单位中标？

单元 5　建设工程合同法律基础

教学目标

1. 了解合同的形式及合同的内容。
2. 掌握合同订立的过程及合同有效的法律要件,区分合同的成立与生效。
3. 理解合同履行的原则及合同担保的方式。
4. 理解合同的变更、转让及终止的法律规定。
5. 掌握违约责任的承担及合同争议的解决方式。

教学要求

能 力 目 标	知 识 要 点	权 重
能够准确判断合同的效力	合同的效力	30%
能够区分合同担保的方式	合同担保	20%
能掌握违约责任的承担方式及免责事由	违约责任	30%
能够明确合同纠纷及争议的解决方式	合同争议解决	20%

模块 5.1　合同的订立与效力

【案例 5-1】　某承包商与业主签订了一份建设工程施工合同。双方签字盖章并在公证处进行了公证。合同约定工期为 12 个月,合同固定总价为 1 500 万元。2022 年 2 月 1 日开工,工程才进行 3 个月,监理工程师于 2022 年 5 月 2 日自主决定,要求承包商于 2022 年 11 月 1 日竣工,承包商不予理睬,至 2022 年 5 月 21 日仍不作出书面答复。2022 年 5 月 31 日,业主以承包商的工程质量不可靠和工程不能如期竣工为由发文通知该施工企业:"本公司决定解除原施工合同,望贵公司予以谅解和支持。"同时限期承包商拆除脚手架,致使承包方无法继续履行原合同义务,承包商由此损失工程款、工程器材费及其他损失费 609 万元。该承包商于 2022 年 6 月 25 日向人民法院提起诉讼,要求业主承担违约责任(经法院委托专业权威单位调查鉴定,确认承包商有能力按合同的约定保证施工质量,如期竣工)。

【问题】

(1) 该施工合同是否有效?

(2) 合同实施过程中,业主与承包商是否存在违约行为? 应当负什么责任?

5.1.1　合同的形式与内容

1. 合同的形式

当事人订立合同,有书面形式、口头形式和其他形式。

特别提示

书面形式是指合同书、信件、电报、电传、传真等可以有形地表现所载内容的形式。以电子数据交换、电子邮件等方式能够有形地表现所载内容,并可以随时调取查用的数据电文,视为书面形式。

2. 合同的内容

合同的内容由当事人约定,一般包括以下条款。

(1) 当事人的姓名或者名称和住所。

(2) 标的。

(3) 数量。

(4) 质量。

(5) 价款或者报酬。

(6) 履行期限、地点和方式。

(7) 违约责任。

(8) 解决争议的方法。

当事人可以参照各类合同的示范文本订立合同。

5.1.2　合同的订立

《民法典》第四百七十一条规定:"当事人订立合同,可以采取要约、承诺方式或者其他方式。"合同需要当事人相互交换的意思表示,以求相互取得一致。订立合同的过程,就是双方当事人采用要约和承诺方式进行协商的过程。

1. 要约邀请

《民法典》第四百七十三条规定:"要约邀请是希望他人向自己发出要约的表示。拍卖公告、招标公告、招股说明书、债券募集办法、基金招募说明书、商业广告和宣传、寄送的价目表等为要约邀请。"

2. 要约

《民法典》第四百七十二条规定,要约是希望和他人订立合同的意思表示,该意思表示应当符合下列规定。

(1) 内容具体确定。具体是指要约的内容须具有足以使合同成立的主要条款。如果没有包含合同的主要条款,受要约人难以作出承诺,即使作出了承诺,也会因为双方的这种合意不具备合同的主要条款而使合同不能成立。确定是指要约的内容须明确,不能含混不清,否则无法承诺。

(2) 表明经受要约人承诺,要约人即受该意思表示约束。

要约具有订立合同的意图，表明一经受要约人承诺，要约人即受该意思表示的约束。要约作为希望与对方订立合同的一种意思表达，其内容已经包含了可以得到履行的合同成立所需要具备的基本条件。

1）要约的生效

《民法典》第一百三十七条规定，要约以对话方式作出的意思表示，相对人知道其内容时生效。要约以非对话方式作出的意思表示，到达相对人时生效。以非对话方式作出的采用数据电文形式的意思表示，相对人指定特定系统接收数据电文的，该数据电文进入该特定系统时生效；未指定特定系统的，相对人知道或者应当知道该数据电文进入其系统时生效。当事人对采用数据电文形式的意思表示的生效时间另有约定的，按照其约定。

2）要约的撤回和撤销

《民法典》第四百七十五条规定："要约可以撤回。"撤回要约的通知应当在要约到达相对人前或者与要约同时到达受要约人。

《民法典》第四百七十六条规定："要约可以撤销。"但是有下列情形之一的除外：要约人以确定承诺期限或者其他形式明示要约不可撤销；受要约人有理由认为要约是不可撤销的，并已经为履行合同做了合理准备工作。

《民法典》第四百七十七条规定："撤销要约的意思表示以对话方式作出的，该意思表示的内容应当在受要约人作出承诺之前为受要约人所知道；撤销要约的意思表示以非对话方式作出的，应当在受要约人作出承诺之前到达受要约人。"

特别提示

撤回和撤销的区别仅在于时间的不同，在法律效力上是等同的。要约的撤回是在要约生效之前，即撤回要约的通知应当在要约到达受要约人之前或者与要约同时到达受要约人；而要约的撤销是在要约生效之后承诺作用之前，即撤销要约的通知应当在受要约人发出承诺通知之前到达受要约人。

拓展阅读

《民法典》合同编见下方二维码。

《民法典》合同编

3）要约的失效

有下列情形之一的，要约失效。

（1）要约被拒绝。

（2）要约被依法撤销。

（3）承诺期限届满，受要约人未作出承诺。

（4）受要约人对要约的内容作出实质性变更。

【案例5-2】 某水泥厂向某建筑公司发出了一份本厂所生产的各种型号水泥的性能的广告,你认为该广告是要约还是要约邀请?

3. 承诺

《民法典》第四百七十九条规定:"承诺是受要约人同意要约的意思表示。"承诺应当以通知的方式作出,但根据交易习惯或者要约表明可以通过行为作出承诺的除外。

承诺必须具备以下条件:承诺必须由受要约人向要约人作出;承诺应当在要约规定的期限内作出;承诺的内容应当与要约的内容一致;承诺的方式必须符合要约的要求。

1) 承诺的期限

承诺应当在要约确定的期限内到达要约人。要约没有确定承诺期限的,承诺应当依照下列规定到达:要约以对话方式作出的,应当即时作出承诺;要约以非对话方式作出的,承诺应当在合理期限内到达。要约以信件或者电报作出的,承诺期限自信件载明的日期或者电报交发之日开始计算。信件未载明日期的,自投寄该信件的邮戳日期开始计算。要约以电话、传真、电子邮件等快速通信方式作出的,承诺期限自要约到达受要约人时开始计算。

2) 承诺的生效

承诺生效时合同成立,但是法律另有规定或者当事人另有约定的除外。

当事人采用合同书形式订立合同的,自当事人均签名、盖章或者按指印时合同成立。在签名、盖章或者按指印之前,当事人一方已经履行主要义务,对方接受时,该合同成立。

法律、行政法规规定或者当事人约定合同应当采用书面形式订立,当事人未采用书面形式但是一方已经履行主要义务,对方接受时,该合同成立。

当事人采用信件、数据电文等形式订立合同要求签订确认书的,签订确认书时合同成立。

当事人一方通过互联网等信息网络发布的商品或者服务信息符合要约条件的,对方选择该商品或者服务并提交订单成功时合同成立,但是当事人另有约定的除外。

3) 承诺的撤回

承诺可以撤回。撤回承诺的通知应当在承诺通知到达要约人之前或者与承诺通知同时到达要约人。

但是承诺不可以撤销,因为承诺一旦到达要约人,合同就成立了,此时撤销承诺,就是违约。

4) 承诺的超期

受要约人超过承诺期限发出承诺,或者在承诺期限内发出承诺,按照通常情形不能及时到达要约人的,为新要约;但是,要约人及时通知受要约人该承诺有效的除外。

5) 承诺的延误

受要约人在承诺期限内发出承诺,按照通常情形能够及时到达要约人,但是因其他原因致使承诺到达要约人时超过承诺期限的,除要约人及时通知受要约人因承诺超过期限不接受该承诺外,该承诺有效。

6) 承诺的内容

承诺的内容应当与要约的内容一致。受要约人对要约的内容作出实质性变更的,为新要约。有关合同标的、数量、质量、价款或者报酬、履行期限、履行地点和方式、违约责任和解决争议方法等的变更,是对要约内容的实质性变更。

承诺对要约的内容作出非实质性变更的，除要约人及时表示反对或者要约表明承诺不得对要约的内容作出任何变更的以外，该承诺有效，合同的内容以承诺的内容为准。

特别提示

在建设工程招标投标活动中，招标文件是要约邀请，对招标人不具有法律约束力；投标文件是要约，应受自己作出的与他人订立合同的意思表示的约束；招标人向投标人发出的中标通知书，是承诺。

4. 其他方式订立合同

悬赏广告合同属于以其他方式订立的合同，而非单方允诺行为，也非要约行为。

悬赏人以公开方式声明对完成特定行为的人支付报酬的，完成该行为的人可以请求其支付。

5. 合同成立的地点

承诺生效的地点为合同成立的地点。采用数据电文形式订立合同的，收件人的主营业地为合同成立的地点；没有主营业地的，其住所地为合同成立的地点。当事人另有约定的，按照其约定。

当事人采用合同书形式订立合同的，最后签名、盖章或者按指印的地点为合同成立的地点，但是当事人另有约定的除外。

重大利害关系的条款的，对方可以主张该条款不成为合同的内容。

6. 特殊合同的订立

国家根据抢险救灾、疫情防控或者其他需要下达国家订货任务、指令性任务的，有关民事主体之间应当依照有关法律、行政法规规定的权利和义务订立合同。依照法律、行政法规的规定负有发出要约义务的当事人，应当及时发出合理的要约。依照法律、行政法规的规定负有作出承诺义务的当事人，不得拒绝对方合理的订立合同要求。

当事人约定在将来一定期限内订立合同的认购书、订购书、预订书等，构成预约合同。当事人一方不履行预约合同约定的订立合同义务的，对方可以请求其承担预约合同的违约责任格式条款是当事人为了重复使用而预先拟定，并在订立合同时未与对方协商的条款。采用格式条款订立合同的，提供格式条款的一方应当遵循公平原则确定当事人之间的权利和义务，并采取合理的方式提示对方注意免除或者减轻其责任等与对方有重大利害关系的条款，按照对方的要求，对该条款予以说明。提供格式条款的一方未履行提示或者说明义务，致使对方没有注意或者理解与其有重大利害关系的条款的，对方可以主张该条款不成为合同的内容。

7. 缔约过失责任与保密义务

当事人在订立合同过程中有下列情形之一，造成对方损失的，应当承担赔偿责任。

（1）假借订立合同，恶意进行磋商。

（2）故意隐瞒与订立合同有关的重要事实或者提供虚假情况。

（3）有其他违背诚信原则的行为。

当事人在订立合同过程中知悉的商业秘密或者其他应当保密的信息，无论合同是否成立，不得泄露或者不正当地使用；泄露、不正当地使用该商业秘密或者信息，造成对方损失的，应当承担赔偿责任。

5.1.3　合同的效力

1. 合同的成立与生效

合同的生效要件有：①订立合同的当事人具有相应的民事行为能力；②意思表示真实；③不违反法律、行政法规的强制性规定，不违背公序良俗。

合同生效有三种情形。

1）成立生效

依法成立的合同，自成立时生效，但是法律另有规定或者当事人另有约定的除外。

2）批准登记生效

依照法律、行政法规的规定，合同应当办理批准等手续的，依照其规定。未办理批准等手续影响合同生效的，不影响合同中履行报批等义务条款以及相关条款的效力。应当办理申请批准等手续的当事人未履行义务的，对方可以请求其承担违反该义务的责任。

3）约定生效

（1）附条件的合同

合同可以附条件，但是根据其性质不得附条件的除外。附生效条件的合同，自条件成就时生效。附解除条件的合同，自条件成就时失效。

附条件的合同，当事人为自己的利益不正当地阻止条件成就的，视为条件已经成就；不正当地促成条件成就的，视为条件不成就。

（2）附期限的合同

合同可以附期限，但是根据其性质不得附期限的除外。附生效期限的民事法律行为，自期限届至时生效。附终止期限的合同，自期限届满时失效。合同所附期限分为生效期限和终止期限。期限可以是期日，如某年某月某日；也可以是期间，如几年，从某日至某日；还可以是某一不具体确定的时间，如房屋落成之日等。

2. 无效合同

1）无效合同的概念

无效合同是指合同内容或者形式违反了法律、行政法规的强制性规定，违背公序良俗，因而不能产生法律约束力，不受到法律保护的合同。

无效合同的特征是：①具有违法性；②具有不可履行性；③自订立之时就不具有法律效力。

2）无效合同的类型

①无民事行为能力人订立的合同无效；②以虚假的意思表示订立的合同无效；③违反法律、行政法规的强制性规定的合同无效。但是，该强制性规定不导致合同无效的除外；④恶意串通，损害他人合法权益的合同无效；⑤违背公序良俗的合同无效。

特别提示

无效合同的确认权归合同管理机关和人民法院。合同不生效、无效、被撤销或者终止的，不影响合同中有关解决争议方法的条款的效力。

3) 无效的免责条款

免责条款是指当无效的免责条款当事人在合同中约定免除或者限制其未来责任的合同条款;免责条款无效是指没有法律约束力的免责条款。

《民法典》第五百零六条规定:"下列免责条款无效:①造成对方人身损害的;②因故意或者重大过失造成对方财产损失的。"

4) 无效合同的法律后果

(1) 无效的合同或者被撤销的合同自始没有法律约束力。合同部分无效,不影响其他部分效力的,其他部分仍然有效。

(2) 合同无效、被撤销或者终止的,不影响合同中独立存在的有关解决争议方法的条款的效力。

(3) 合同无效、被撤销或者确定不发生效力后,因该合同取得的财产,应当予以返还;不能返还或者没有必要返还的,应当折价补偿。有过错的一方应当赔偿对方因此所受到的损失;各方都有过错的,应当各自承担相应的责任。

📖 司法解释

建筑工程施工合同被确认无效,但建设工程经竣工验收合格,承包人是否可以请求支付的工程价款及利润?

《建设工程司法解释一》第 2 条规定:"建设工程施工合同无效,但建设工程经验收合格,承包人请求参照合同约定支付工程价款的,应予以支持。"第 4 条规定:"承包人非法转包、违法分包建设工程或者没有资质的实际施工人员借用有资质的建筑施工企业名义与他人签订建设工程施工合同的行为无效,人民法院可以收缴当事人已经取得的非法所得。"

由此可见,如果合同无效,承包人只能主张合同约定价款中的成本及利息的补偿,利润补偿款不予支持。

3. 可撤销合同

基于重大误解订立的合同,当事人有权请求人民法院或者仲裁机构予以撤销。

1) 可撤销合同的类型

①一方以欺诈手段,使对方在违背真实意思的情况下订立的合同;②第三人实施欺诈行为,使一方在违背真实意思的情况下订立的合同;③一方或者第三人以胁迫手段,使对方在违背真实意思的情况下订立的合同;④一方利用对方处于危困状态、缺乏判断能力等情形,致使合同成立时显失公平的,受损害方有权请求人民法院或者仲裁机构予以撤销。

2) 撤销权的行使

有下列情形之一的,撤销权消灭:①当事人自知道或者应当知道撤销事由之日起一年内、重大误解的当事人自知道或者应当知道撤销事由之日起九十日内没有行使撤销权;②当事人受胁迫,自胁迫行为终止之日起一年内没有行使撤销权;③当事人知道撤销事由后明确表示或者以自己的行为表明放弃撤销权。

当事人自民事法律行为发生之日起五年内没有行使撤销权的,撤销权消灭。

特别提示

行使撤销权应当在知道或者应当知道撤销事由之日起一年内行使,并应当向人民法院或者仲裁机构申请。

3) 被撤销合同的法律后果

可撤销合同与无效合同有着本质的区别,主要表现在以下方面。

(1) 效力不同。可撤销合同是由于当事人表达不清、不真实,另一方有撤销权;无效合同内容违法,并且会损害到国家、社会、集体、第三者的利益,自然不发生效力。

(2) 期限不同。可撤销合同中具有撤销权的当事人从知道撤销事由之日起一年内没有行使撤销权或者知道撤销事由后明确表示或者以自己的行为表示放弃撤销权,则撤销权消灭。无效合同从订立之日起就无效,不存在期限。

【案例 5-3】 2022 年 6 月,某建筑施工企业从水泵厂购得 20 台 A 级水泵,在现场使用后反映效果良好。因企业进一步需要,该施工企业决定派采购员王某再购进同样水泵 35 台。该施工企业收到 35 台水泵后,即投入使用,使用中发现与 2022 年 6 月所购水泵性能上存在较大差异,怀疑水泵厂第二次提供的水泵质量有问题,要求更换。水泵厂以提供产品均合格为由,拒绝更换。该施工企业遂诉至法院要求对方更换产品并赔偿损失。经查明,水泵厂 2022 年 6 月所供水泵实际上是 B 级水泵,由于出厂环节的失误,所镶铭牌错为 A 级水泵。

【问题】 该建筑施工企业要求对方更换产品并赔偿损失的主张能否获得法院支持?

4. 效力待定合同

1) 效力待定合同的概念

效力待定合同是指合同虽然已经成立,但因其不完全符合有关生效要件的规定,其合同效力能否发生尚未确定,一般须经有权人表示承认才能生效。

2) 效力待定合同的类型

(1) 限制行为能力人订立的合同

限制行为能力人订立的合同经法定代理人追认后,该合同有效,但纯获利益的合同或者与其年龄、智力、精神健康状况相适应而订立的合同,不必经法定代理人追认。

(2) 无权代理人订立的合同

行为人没有代理权、超越代理权或者代理权终止后,仍然实施代理行为,未经被代理人追认的,对被代理人不发生效力。

相对人可以催告被代理人自收到通知之日起三十日内予以追认。被代理人未作表示的,视为拒绝追认。行为人实施的行为被追认前,善意相对人有撤销的权利。撤销应当以通知的方式做出。

无权代理人以被代理人的名义订立合同,被代理人已经开始履行合同义务或者接受相对人履行的,视为对合同的追认。

法人的法定代表人或者非法人组织的负责人超越权限订立的合同,除相对人知道或者应当知道其超越权限外,该代表行为有效,订立的合同对法人或者非法人组织发生效力。

当事人超越经营范围订立的合同的效力,应当依照民法典有关规定确定,不得仅以超越经营范围确认合同无效。

模块 5.2　合同的履行与担保

5.2.1　合同的履行

1. 合同的履行原则

《民法典》第五百零九条规定:"当事人应当按照约定全面履行自己的义务。当事人应当遵循诚实信用原则,根据合同的性质、目的和交易习惯履行通知、协助、保密等义务。"

当事人在履行合同过程中,应当避免浪费资源、污染环境和破坏生态。

合同生效后,当事人不得因姓名、名称的变更或者法定代表人、负责人、承办人的变动而不履行合同义务。

合同成立后,合同的基础条件发生了当事人在订立合同时无法预见的、不属于商业风险的重大变化,继续履行合同对于当事人一方明显不公平的,受不利影响的当事人可以与对方重新协商;在合理期限内协商不成的,当事人可以请求人民法院或者仲裁机构变更或者解除合同。

人民法院或者仲裁机构应当结合案件的实际情况,根据公平原则变更或者解除合同。

对当事人利用合同实施危害国家利益、社会公共利益行为的,市场监督管理和其他有关行政主管部门依照法律、行政法规的规定负责监督处理。

在合同履行过程中,当事人必须遵循下列基本原则。

1) 全面履行原则

全面履行原则是指合同当事人应当按照合同的约定全面履行自己的义务,包括履行义务的主体、标的、数量、质量、价款或者报酬以及履行的方式、地点、期限等,都应当按照合同的约定全面履行,不能以单方面的意思改变合同义务或者解除合同。

2) 诚实信用原则

诚实信用原则是指在合同履行过程中,合同当事人讲究信用,恪守信用,以善意的方式履行其合同义务,不得滥用权力及规避法律或者合同规定的义务。合同的履行应当严格遵循诚实信用原则。一方面,要求当事人除了应履行法律和合同规定的义务外,还应当履行依据诚实信用原则所产生的各种附带义务,包括相互协作和照顾义务、瑕疵的告知义务、使用方法的告知义务、重要事情的告知义务、保密义务等。另一方面,在法律和合同规定的内容不明确或者欠缺规定的情况下,当事人应当依据诚实信用原则履行义务。

3) 节约资源保护生态原则

节约资源保护生态原则是指当事人在合同履行过程中,应当从有利于节约资源、保护生态环境的角度出发开展民事活动,避免浪费资源、污染环境。

2. 合同履行的规则

1) 合同内容约定不明确的履行规则

合同生效后,当事人就质量、价款或者报酬、履行地点等内容没有约定或者约定不明确的,可以协议补充;不能达成补充协议的,按照合同有关条款或者交易习惯确定,仍不能确定的,则按以下规定履行。

（1）质量要求不明确的，按照强制性国家标准履行；没有强制性国家标准的，按照推荐性国家标准履行；没有推荐性国家标准的，按照行业标准履行；没有国家标准、行业标准的，按照通常标准或者符合合同目的的特定标准履行。

（2）价款或者报酬不明确的，按照订立合同时履行地的市场价格履行；依法应当执行政府定价或者政府指导价的，依照规定履行。

（3）履行地点不明确，给付货币的，在接受货币一方所在地履行；交付不动产的，在不动产所在地履行；其他标的，在履行义务一方所在地履行。

（4）履行期限不明确的，债务人可以随时履行，债权人也可以随时请求履行，但是应当给对方必要的准备时间。

（5）履行方式不明确的，按照有利于实现合同目的的方式履行。

（6）履行费用的负担不明确的，由履行义务一方负担；因债权人原因增加的履行费用，由债权人负担。

2）电子合同履行规则

通过互联网等信息网络订立的电子合同的标的为交付商品并采用快递物流方式交付的，收货人的签收时间为交付时间。电子合同的标的为提供服务的，生成的电子凭证或者实物凭证中载明的时间为提供服务时间；前述凭证没有载明时间或者载明时间与实际提供服务时间不一致的，以实际提供服务的时间为准。

电子合同的标的物为采用在线传输方式交付的，合同标的物进入对方当事人指定的特定系统且能够检索识别的时间为交付时间。

电子合同当事人对交付商品或者提供服务的方式、时间另有约定的，按照其约定。

3）执行政府定价或政府指导价的合同履行规则

执行政府定价或者政府指导价的，在合同约定的交付期限内政府价格调整时，按照交付时的价格计价。逾期交付标的物的，遇价格上涨时，按照原价格执行；价格下降时，按照新价格执行。逾期提取标的物或者逾期付款的，遇价格上涨时，按照新价格执行；价格下降时，按照原价格执行。

4）支付金钱合同的履行规则

以支付金钱为内容的债，除法律另有规定或者当事人另有约定外，债权人可以请求债务人以实际履行地的法定货币履行。

5）有选择权债务合同的履行规则

标的有多项而债务人只需履行其中一项的，债务人享有选择权；但是，法律另有规定、当事人另有约定或者另有交易习惯的除外。

享有选择权的当事人在约定期限内或者履行期限届满未作选择，经催告后在合理期限内仍未选择的，选择权转移至对方。

当事人行使选择权应当及时通知对方，通知到达对方时，标的确定。标的确定后不得变更，但是经对方同意的除外。

可选择的标的发生不能履行情形的，享有选择权的当事人不得选择不能履行的标的，但是该不能履行的情形是由对方造成的除外。

6）多人债权与多人债务合同的履行规则

债权人为二人以上，标的可分，按照份额各自享有债权的，为按份债权；债务人为二人以上,标的可分,按照份额各自负担债务的,为按份债务。

按份债权人或者按份债务人的份额难以确定的,视为份额相同。

7)连带债权与连带债务合同的履行规则

债权人为二人以上,部分或者全部债权人均可以请求债务人履行债务的,为连带债权;债务人为二人以上,债权人可以请求部分或者全部债务人履行全部债务的,为连带债务。

连带债权或者连带债务,由法律规定或者当事人约定。

实际承担债务超过自己份额的连带债务人,有权就超出部分在其他连带债务人未履行的份额范围内向其追偿,并相应地享有债权人的权利,但是不得损害债权人的利益。其他连带债务人对债权人的抗辩,可以向该债务人主张。

被追偿的连带债务人不能履行其应分担份额的,其他连带债务人应当在相应范围内按比例分担。

部分连带债务人履行、抵销债务或者提存标的物的,其他债务人对债权人的债务在相应范围内消灭;该债务人可以依据前条规定向其他债务人追偿。

部分连带债务人的债务被债权人免除的,在该连带债务人应当承担的份额范围内,其他债务人对债权人的债务消灭。

部分连带债务人的债务与债权人的债权同归于一人的,在扣除该债务人应当承担的份额后,债权人对其他债务人的债权继续存在。

债权人对部分连带债务人的给付受领迟延的,对其他连带债务人发生效力。

连带债权人之间的份额难以确定的,视为份额相同。实际受领债权的连带债权人,应当按比例向其他连带债权人返还。

8)向第三人行使债券和履行债务的合同履行规则

当事人约定由债务人向第三人履行债务,债务人未向第三人履行债务或者履行债务不符合约定的,应当向债权人承担违约责任。

法律规定或者当事人约定第三人可以直接请求债务人向其履行债务,第三人未在合理期限内明确拒绝,债务人未向第三人履行债务或者履行债务不符合约定的,第三人可以请求债务人承担违约责任;债务人对债权人的抗辩,可以向第三人主张。

当事人约定由第三人向债权人履行债务,第三人不履行债务或者履行债务不符合约定的,债务人应当向债权人承担违约责任。

债务人不履行债务,第三人对履行该债务具有合法利益的,第三人有权向债权人代为履行;但是,根据债务性质、按照当事人约定或者依照法律规定只能由债务人履行的除外。

债权人接受第三人履行后,其对债务人的债权转让给第三人,但是债务人和第三人另有约定的除外。

3. 合同的抗辩规则

1)同时履行抗辩权

当事人互负债务,没有先后履行顺序的,应当同时履行。一方在对方履行之前有权拒绝其履行请求。一方在对方履行债务不符合约定时,有权拒绝其相应的履行请求。

2)先履行抗辩权

当事人互负债务,有先后履行顺序,应当先履行债务一方未履行的,后履行一方有权拒绝其履行请求。先履行一方履行债务不符合约定的,后履行一方有权拒绝其相应的履行请求。

3)不安抗辩权

当先履行债务的当事人,有确切证据证明对方有下列情形之一的,可以中止履行。

(1)经营状况严重恶化。

(2)转移财产、抽逃资金,以逃避债务。

(3)丧失商业信誉。

(4)有丧失或者可能丧失履行债务能力的其他情形。

当事人没有确切证据中止履行的,应当承担违约责任。

当事人依据前条规定中止履行的,应当及时通知对方。对方提供适当担保的,应当恢复履行。中止履行后,对方在合理期限内未恢复履行能力且未提供适当担保的,视为以自己的行为表明不履行主要债务,中止履行的一方可以解除合同并可以请求对方承担违约责任。

5.2.2　合同的担保

1. 合同担保的概念

合同的担保是指法律规定或者由当事人双方协商约定的确保合同按约履行所采取的具有法律效力的一种保证措施。

> **特别提示**
>
> 担保合同是主合同的从合同,主合同无效,担保合同无效。担保合同另有约定的,按照约定。担保合同被确认无效后,债务人、担保人、债权人有过错的,应当根据其过错各自承担相应的民事责任。

2. 合同担保的方式

担保方式为保证、抵押、质押、留置和定金。

1)保证

保证是债的担保方式的一种,是指保证人和债权人约定,当债务人不履行债务时,保证人按照约定履行债务或者承担责任的行为。由此可见,第一,保证是一种双方的法律行为;第二,保证是担保他人履行债务的行为;第三,保证是就主债务履行负保证责任的行为。另外应注意,保证担保的保证与通常意义上所说的保证是有区别的,这是一种债权担保制度,是具有法律意义的。

> **特别提示**
>
> 当事人在保证合同中约定,债务人不能履行债务时,由保证人承担保证责任的,为一般保证。当事人在保证合同中约定保证人与债务人对债务承担连带责任的,为连带责任保证。连带责任保证的债务人在主合同规定的债务履行期届满没有履行债务的,债权人可以要求债务人履行债务,也可以要求保证人在其保证范围内承担保证责任。当事人对保证方式没有约定或者约定不明确的,按照一般保证承担保证责任。

2) 抵押

抵押是指债务人或者第三人不转移对财产的占有,将该财产作为债权的担保。债务人不履行债务时,债权人有权依照法律规定以该财产折价或者以拍卖、变卖该财产的价款优先受偿。其中,债务人或者第三人称为抵押人,债权人称为抵押权人。

债务人或者第三人提供担保的财产为抵押物。由于抵押物是不转移其占有的,因此能够成为抵押物的财产必须具备一定的条件。这类财产轻易不会灭失,其所有权的转移应当经过一定的程序。

特别提示

下列财产不得抵押:①土地所有权;②耕地、宅基地、自留地、自留山等集体所有的土地使用权;③学校、幼儿园、医院等以公益为目的的事业单位、社会团体的教育设施、医疗卫生设施和其他社会公益设施;④所有权、使用权不明或者有争议的财产;⑤依法被查封、扣押、监管的财产;⑥依法不得抵押的其他财产。

抵押担保需要订立抵押合同,在抵押合同中,抵押权人是接受担保的债权人,抵押人是提供抵押物的债务人或者第三人,抵押物是作为担保债权履行而特定化了的财产。

抵押担保有以下特点:①抵押人可以是第三人,也可以是债务人自己。这与保证不同,在保证担保中,债务人自己不能作为担保人。②抵押物既可以是动产,也可以是不动产。这与质押不同,质物只能是动产。③抵押人不转移抵押物的占有,抵押人可以继续占有、使用抵押物。这也与质押不同,质物必须转移于质权人占有。④抵押权人有优先受偿的权利。抵押担保是以抵押物作为债权的担保,抵押权人对抵押物有控制、支配的权利。这里说的控制权表现在抵押权设定后,抵押人在抵押期间不得随意处分抵押物。这里说的支配权表现在抵押权人在实现抵押权时,对抵押物的价款有优先受偿的权利。优先受偿是指当债务人有多个债权人,其财产不足以清偿全部债权时,有抵押权的债权人优先于其他债权人受偿。

 司法解释

《最高人民法院关于建设工程价款优先受偿权问题的批复》认定,相关权利排序应为:消费者不动产物权期待权,建设工程价款优先受偿权,抵押权,一般不动产物权期待权,其他普通债权。

例如,甲发包人负责采购材料,欠材料供应商乙材料款100万元,在工程实施过程中,甲为了筹措资金,将工程抵押给丙银行。工程竣工后,承包商丁多次催要工程结算价款,甲无法支付。于是双方协议将工程折价拍卖,则所得价款依次受偿的顺序应为丁(建设工程价款优先受偿)、丙(抵押权)、乙(普通债权)。

需要注意的是,建设工程价款优先受偿行使权的期限为六个月,自建设工程竣工之日或者建设工程合同约定的竣工之日起计算。

3) 质押

质押是指债务人或者第三人将其动产或权利移交债权人占有,将该动产或权利作为债权的担保。债务人不履行债务时,债权人有权依照法律规定以该动产或权利折价或者以拍卖、变卖该动产或权利的价款优先受偿。

质权是一种约定的担保物权,以转移占有为特征。债务人或者第三人为出质人,债权人为质权人,移交的动产或权利为质物。

质押分为动产质押和权利质押。

动产质押是指债务人或者第三人将其动产移交债权人占有,将该动产作为债权的担保。能够用作质押的动产没有限制。

权利质押一般是将权利凭证交付质押人的担保。可以质押的权利包括:①汇票、支票、本票、债券、存款单、仓单、提单;②依法可以转让的股份、股票;③依法可以转让的商标专用权、专利权、著作权中的财产权;④依法可以质押的其他权利。

4)留置

留置是指债权人按照合同约定占有债务人的动产,债务人不按照合同约定的期限履行债务的,债权人有权依照法律规定留置该财产,以该财产折价或者以拍卖、变卖该财产的价款优先受偿。留置权人负有妥善保管留置物的义务。因保管不善致使留置物灭失或者毁损的,留置权人应当承担民事责任。

由于留置是一种比较强烈的担保方式,必须依法行使。其设定的目的是督促债务人及时履行义务,在债务人清偿债务之前,债权人有占有留置物的权利。当规定的留置期限届满后,债务人仍然不履行债务的,债权人可以依照法律规定折价或者拍卖、变卖留置物,并从所得价款中得到清偿。如果债务人在规定期限内履行了义务,债权人应当返还留置物,不得滥用留置权。归纳起来留置担保具有以下特点:留置担保,依照法律规定直接产生留置权,不需要以当事人之间有约定为前提;被留置的财产必须是动产;留置的动产与主合同有牵连关系,即必须是因主合同合法占有的动产;留置权的实现,不得少于留置财产后两个月的期限;留置权人就留置物有优先受偿的权利。

5)定金

定金是指当事人一方在合同成立后或履行前,依照约定向对方支付的一笔金钱,债务人履行债务后,定金应当抵作价款或者收回。给付定金的一方不履行债务的,无权要求返还定金;收受定金的一方不履行债务的,应当双倍返还定金。

特别提示

定金担保应注意以下事项。

(1)定金应当以书面形式约定。

(2)当事人在定金合同中应当约定交付定金的期限,定金合同从实际交付定金之日起生效。即使当事人已签订了定金合同,如果未实际交付定金,定金合同也不能生效。

(3)当事人约定的定金数额不得超过主合同标的额的20%。超过部分不产生定金的效力。实际交付的定金数额多于或者少于约定数额的,视为变更约定的定金数额。

(4)定金不足以弥补一方违约造成的损失的,对方可以请求赔偿超过定金数额的损失。

模块 5.3 合同的变更、转让与终止

5.3.1 合同的变更

1. 合同变更的概念

合同的变更是指合同依法成立后,在尚未履行或未完全履行时,当事人双方经协商依法对合同的内容进行修订或调整所达到的协议。例如,对合同约定的数量、质量标准、履行期限、履行地点和履行方式等进行变更。

> **特别提示**
>
> 合同变更一般不涉及已履行部分,而只对未履行的部分进行变更,因此,合同变更不能在合同履行后进行,只能在完全履行合同之前。

2. 合同变更的规定

当事人协商一致,可以变更合同。法律、行政法规规定变更合同应当办理批准、登记等手续的,依照其规定。

1)合同的变更须经当事人双方协商一致

如果双方当事人就变更事项达成一致意见,则变更后的内容取代原合同的内容,当事人应当按照变更后的内容履行合同。如果一方当事人未经对方同意就改变合同的内容,不仅变更的内容对另一方没有约束力,其做法还是一种违约行为,应当承担违约责任。

2)合同变更须遵循法定的程序

法律、行政法规规定变更合同事项应当办理批准、登记手续的,应当依法办理相应手续。如果没有履行法定程序,即使当事人已协议变更了合同,其变更内容也不发生法律效力。

3)对合同变更内容约定不明确的推定

合同变更的内容必须明确约定。如果当事人对于合同变更的内容约定不明确,则将被推定为未变更。任何一方不得要求对方履行约定不明确的变更内容。

5.3.2 合同的转让

1. 合同转让的概念

合同的转让是指当事人一方将合同的权利和义务转让给第三人,由第三人接受权利和承担义务的法律行为。合同转让既可以部分转让,也可全部转让。随着合同的全部转让,原合同当事人之间的权利和义务关系消灭,同时在未转让一方当事人和第三人之间形成新的权利和义务关系。

2. 合同转让的类型

转让包括合同权利转让、合同义务转让、合同权利与义务一并转让 3 种情况。

1）合同权利转让

合同权利转让也称债权让与，是合同当事人将合同中权利全部或部分转让给第三方的行为。转让合同权利的当事人称为让与人，接受转让的第三人称为受让人。

特别提示

当事人约定非金钱债权不得转让的，不得对抗善意第三人。当事人约定金钱债权不得转让的，不得对抗第三人。

债权人转让债权，未通知债务人的，该转让对债务人不发生效力。

债权转让的通知不得撤销，但是经受让人同意的除外。

因债权转让增加的履行费用，由让与人负担。

2）合同义务转让

合同义务转让也称债务转让，是债务人将合同的义务全部或部分地转移给第三人的行为。

合同义务转移分为两种情况：一种情况是合同义务的全部转移，在这种情况下，新的债务人完全取代了旧的债务人，新的债务人负责全面履行合同义务；另一种情况是合同义务的部分转移，即新的债务人加入原债务中，与原债务人一起向债权人履行义务。无论是转移全部义务还是部分义务，债务人都需要征得债权人同意。

特别提示

债务人将债务的全部或者部分转移给第三人的，应当经债权人同意。债务人或者第三人可以催告债权人在合理期限内予以同意，债权人未作表示的，视为不同意。

第三人与债务人约定加入债务并通知债权人，或者第三人向债权人表示愿意加入债务，债权人未在合理期限内明确拒绝的，债权人可以请求第三人在其愿意承担的债务范围内和债务人承担连带债务。

债务人转移债务的，新债务人可以主张原债务人对债权人的抗辩；原债务人对债权人享有债权的，新债务人不得向债权人主张抵销。

债务人转移债务的，新债务人应当承担与主债务有关的从债务，但是该从债务专属于原债务人自身的除外。

3）合同权利与义务一并转让

合同权利与义务一并转让是指合同一方当事人将其权利和义务一并转移给第三人，由第三人全部承受这些权利和义务。当事人一方经对方同意，可以将自己在合同中的权利和义务一并转让给第三人。合同的权利和义务一并转让的，适用上文合同债权转让、债务转移的有关规定。

4）合同债务加入

合同债务加入又称并存的合同债务，是指债务人并不脱离合同关系，而由第三人与债务人共同承担债务。并存的债务承担成立后，债务人与第三人成为连带债务人。

实践中，并存的债务承担往往因第三人以担保债的履行为目的加入合同关系而成立。

但并存的债务承担与保证性质不同。第三人因加入合同关系而成为主债务人之一,依连带债务的规定,债权人可径向第三人请求履行全部债务。并存的债务承担以原已存在有效的债务为前提。原来的合同关系虽有可撤销或解除的原因,但在撤销或解除以前,仍可成立并存的债务承担。第三人所承担的债务应与承担时的原债务具有同一内容,不得超过原债务的限度。承担后发生的利息及违约金、赔偿损失等,应一并承担。第三人加入债的关系后,得以原债务人对抗债权人的事由对抗债权人。并存的债务承担成立后,债务因原债务人或者第三人的全部清偿而消灭。债务的消灭系因第三人的清偿或其他方式(例如抵销)引起时,在第三人与债务人之间可能发生求偿关系。

【案例5-4】 某开发公司是某住宅小区的建设单位,某建筑公司是该项目的施工单位,某采石场是为建筑公司提供建筑石料的材料供应商。

2022年9月18日,住宅小区竣工。按照施工合同约定,开发公司应该于2022年9月30日向建筑公司支付工程款。而按照材料采供合同约定,建筑公司应该于同一天向采石场支付材料款。

2022年9月28日,建筑公司负责人与采石场负责人协议并达成一致意见,由开发公司代替建筑公司向采石场支付材料款。建筑公司将该协议的内容通知了开发公司。

2022年9月30日,采石场请求开发公司支付材料款,但是开发公司却以未经其同意为由拒绝支付。

【问题】 开发公司拒绝支付材料款的行为是否能够得到法院的支持?

5.3.3 合同的终止

1. 合同终止的概念

合同的终止是指依法生效的合同,因具备法定的或当事人约定的情形,合同的债权、债务归于消灭,债权人不再享有合同的权利,债务人也不必再履行合同的义务。

《民法典》第五百五十七条规定,有下列情形之一的,合同债权债务终止:

(1) 债务已经履行;

(2) 债务相互抵销;

(3) 债务人依法将标的物提存;

(4) 债权人免除债务;

(5) 债权债务同归于一人;

(6) 法律规定或者当事人约定终止的其他情形。

合同解除的,该合同的权利义务关系终止。

特别提示

合同终止后,当事人应当遵循诚信等原则,根据交易习惯履行通知、协助、保密、旧物回收等义务。

合同终止时,债权的从权利同时消灭,但是法律另有规定或者当事人另有约定的除外。

债务人对同一债权人负担的数项债务种类相同,债务人的给付不足以清偿全部债务的,除当事人另有约定外,由债务人在清偿时指定其履行的债务。

债务人未作指定的,应当优先履行已经到期的债务;数项债务均到期的,优先履行对债权人缺乏担保或者担保最少的债务;均无担保或者担保相等的,优先履行债务人负担较重的债务;负担相同的,按照债务到期的先后顺序履行;到期时间相同的,按照债务比例履行。

债务人在履行主债务外还应当支付利息和实现债权的有关费用,其给付不足以清偿全部债务的,除当事人另有约定外,应当按照下列顺序履行:

(1) 实现债权的有关费用;

(2) 利息;

(3) 主债务。

2. 合同解除的特征

合同解除是指合同有效成立后,当具备法律规定的合同解除条件时,因当事人一方或双方的意思表示而使合同关系归于消灭的行为。

合同解除具有以下特征。

(1) 合同的解除适用于合法有效的合同,无效合同、可撤销合同不发生合同解除。

(2) 合同解除须具备法律规定的条件。非依照法律规定,当事人不得随意解除合同。我国法律规定的合同解除条件主要有约定解除和法定解除。

(3) 合同解除须有解除的行为。无论哪一方当事人享有解除合同的权利,其必须向对方提出解除合同的意思表示,才能达到合同解除的法律后果。

(4) 合同解除使合同关系自始消灭或者向将来消灭,可视为当事人之间未发生合同关系,或者合同尚存的权利义务不再履行。

3. 合同解除的类型

合同的解除分为约定解除和法定解除两大类。

1) 约定解除

《民法典》第五百六十二条规定,当事人协商一致,可以解除合同。当事人可以约定一方解除合同的事由。解除合同的事由发生时,解除权人可以解除合同。

2) 法定解除

合同成立后,没有履行或者没有完全履行以前,当事人一方可以行使法定解除权使合同终止。《民法典》五百六十三条规定,有下列情形之一的,当事人可以解除合同:

(1) 因不可抗力致使不能实现合同目的;

(2) 在履行期限届满前,当事人一方明确表示或者以自己的行为表明不履行主要债务;

(3) 当事人一方迟延履行主要债务,经催告后在合理期限内仍未履行;

(4) 当事人一方迟延履行债务或者有其他违约行为致使不能实现合同目的;

(5) 法律规定的其他情形。

以持续履行的债务为内容的不定期合同,当事人可以随时解除合同,但是应当在合理期限之前通知对方。

4. 解除合同的时效

《民法典》第五百六十四条规定,法律规定或者当事人约定解除权行使期限,期限届满当事人不行使的,该权利消灭。

法律没有规定或者当事人没有约定解除权行使期限,自解除权人知道或者应当知道解除事由之日起一年内不行使,或者经对方催告后在合理期限内不行使的,该权利消灭。

《民法典》五百六十五条规定,当事人一方依法主张解除合同的,应当通知对方。合同自通知到达对方时解除;通知载明债务人在一定期限内不履行债务则合同自动解除,债务人在该期限内未履行债务的,合同自通知载明的期限届满时解除。对方对解除合同有异议的,任何一方当事人均可以请求人民法院或者仲裁机构确认解除行为的效力。

当事人一方未通知对方,直接以提起诉讼或者申请仲裁的方式依法主张解除合同,人民法院或者仲裁机构确认该主张的,合同自起诉状副本或者仲裁申请书副本送达对方时解除。

5．施工合同的解除

1）发包人解除施工合同

《最高人民法院关于审理建设工程施工合同纠纷案件适用法律问题的解释》规定,承包人具有下列情形之一,发包人请求解除建设工程施工合同的,应予支持:①明确表示或者以行为表明不履行合同主要义务的;②合同约定的期限内没有完工,且在发包人催告的合理期限内仍未完工的;③已经完成的建设工程质量不合格,并拒绝修复的;④将承包的建设工程非法转包、违法分包的。

2）承包人解除施工合同

《最高人民法院关于审理建设工程施工合同纠纷案件适用法律问题的解释》规定,发包人具有下列情形之一,致使承包人无法施工,且在催告的合理期限内仍未履行相应义务,承包人请求解除建设工程施工合同的,应予支持:①未按约定支付工程价款的;②提供的主要建筑材料、建筑构配件和设备不符合强制性标准的;③不履行合同约定的协助义务的。

3）施工合同解除的法律后果

《最高人民法院关于审理建设工程施工合同纠纷案件适用法律问题的解释》规定,建设工程施工合同解除后,已经完成的建设工程质量合格的,发包人应当按照约定支付相应的工程价款;已经完成的建设工程质量不合格的,参照本解释第三条规定处理。因一方违约导致合同解除的,违约方应当赔偿因此而给对方造成的损失。第三条规定,建设工程施工合同无效,且建设工程经竣工验收不合格的,按照以下情形分别处理:修复后的建设工程经竣工验收合格,发包人请求承包人承担修复费用的,应予支持;修复后的建设工程经竣工验收不合格,承包人请求支付工程价款的,不予支持。

【案例 5-5】 某开发公司作为建设单位与施工单位某建筑公司签订了某住宅小区的施工承包合同。合同中约定该项目于 2021 年 6 月 6 日开工,2023 年 8 月 8 日竣工。2022 年 1 月 20 日,有群众举报该建设项目存在严重的偷工减料行为。经权威部门鉴定确认该工程已完成部分为"豆腐渣"工程。开发公司以此为由单方面与建筑公司解除了合同。建筑公司认为解除合同需要当事人双方协商一致方可解除。

【问题】 建筑公司的观点正确吗?为什么?

模块 5.4　合同的违约责任

5.4.1　违约责任的概念和特征

1. 违约责任的概念

违约责任是指合同当事人因违反合同义务所承担的责任。

《民法典》第五百七十七条规定,当事人一方不履行合同义务或者履行合同义务不符合约定的,应当承担继续履行、采取补救措施或者赔偿损失等违约责任。

2. 违约责任的特征

违约责任具有以下特征。

(1) 违约责任的产生是以合同当事人不履行合同义务为条件的。

(2) 违约责任具有相对性。

(3) 违约责任主要具有补偿性,即旨在弥补或补偿因违约行为造成的损害后果。

(4) 违约责任可以由合同当事人约定,但约定不符合法律要求的,将会被宣告无效或被撤销。

(5) 违约责任是民事责任的一种形式。

5.4.2　当事人承担违约责任应具备的条件

《民法典》第五百七十八条规定:"当事人一方明确表示或者以自己的行为表明不履行合同义务的,对方可以在履行期限届满之前要求其承担违约责任。"

承担违约责任,首先,合同当事人发生了违约行为,即有违反合同义务的行为;其次,非违约方只需证明违约方的行为不符合合同约定,便可以要求其承担违约责任,而不需要证明其主观上是否具有过错;最后,违约方若想免于承担违约责任,必须举证证明其存在法定的或约定的免责事由,而法定免责事由主要限于不可抗力,约定的免责事由主要是合同中的免责条款。

当事人都违反合同的,应当各自承担相应的责任。

当事人一方违约造成对方损失,对方对损失的发生有过错的,可以减少相应的损失赔偿额。

当事人一方因第三人的原因造成违约的,应当依法向对方承担违约责任。当事人一方和第三人之间的纠纷,依照法律规定或者按照约定处理。

5.4.3　违约责任的承担形式

1. 继续履行

继续履行是一种违约后的补救方式,是否要求违约方继续履行是非违约方的一项权利。继续履行可以与违约金、定金、赔偿损失并用,但不能与解除合同的方式并用。

继续履行具体来讲包括两种情况:一是债权人要求债务人按合同的约定履行合同;

二是债权人向法院提出起诉，由法院判决强迫违约一方具体履行其合同义务。当事人违反金钱债务，一般不能免除其继续履行的义务。《民法典》第五百七十九规定，当事人一方未支付价款、报酬、租金、利息，或者不履行其他金钱债务的，对方可以请求其支付。

《民法典》第五百八十条规定，当事人一方不履行非金钱债务或者履行非金钱债务不符合约定的，对方可以请求履行，但是有下列情形之一的除外：

（1）法律上或者事实上不能履行；

（2）债务的标的不适于强制履行或者履行费用过高；

（3）债权人在合理期限内未请求履行。

有上述规定的除外情形之一，致使不能实现合同目的的，人民法院或者仲裁机构可以根据当事人的请求终止合同权利义务关系，但是不影响违约责任的承担。

《民法典》第五百八十一条规定，当事人一方不履行债务或者履行债务不符合约定，根据债务的性质不得强制履行的，对方可以请求其负担由第三人替代履行的费用。

2．采取补救措施

采取补救措施是指当合同对违约责任没有约定或者约定不明确时，在当事人发生违约行为后，为防止损失发生或者进一步扩大，受损害方根据标的的性质以及损失的大小，可以合理选择请求违约当事人承担修理、重作、更换、退货、减少价款或者报酬等违约责任。

特别提示

　　建设工程合同中，采取补救措施是施工单位承担违约责任常用的方法。

3．赔偿损失

赔偿损失是指合同当事人就其违约而给对方造成的损失给予补偿的一种方法。

《民法典》第五百八十三条规定，当事人一方不履行合同义务或者履行合同义务不符合约定的，在履行义务或者采取补救措施后，对方还有其他损失的，应当赔偿损失。

《民法典》第五百八十四条规定，当事人一方不履行合同义务或者履行合同义务不符合约定，造成对方损失的，损失赔偿额应当相当于因违约所造成的损失，包括合同履行后可以获得的利益；但是，不得超过违约一方订立合同时预见到或者应当预见到的因违约可能造成的损失。

赔偿损失包括违约的赔偿损失、侵权的赔偿损失及其他的赔偿损失。承担赔偿损失责任由以下要件构成：

（1）有违约行为，当事人不履行合同或者不适当履行合同；

（2）有损失后果，违约责任行为给另一方当事人造成了财产等损失；

（3）违约行为与财产等损失之间有因果关系；

（4）违约人有过错，或者虽无过错，但法律规定应当赔偿的。

4．支付违约金

违约金是指按照当事人的约定或者法律直接规定，一方当事人违约的，应向另一方支付的金钱。违约金的标的物是金钱，也可约定为其他财产。

违约金有法定违约金和约定违约金两种：由法律规定的违约金为法定违约金；由当事人约定的违约金为约定违约金。违约金与赔偿损失不能同时采用。《民法典》第五百八十五条规定,当事人可以约定一方违约时应当根据违约情况向对方支付一定数额的违约金,也可以约定因违约产生的损失赔偿额的计算方法。

约定的违约金低于造成的损失的,人民法院或者仲裁机构可以根据当事人的请求予以增加;约定的违约金过分高于造成的损失的,人民法院或者仲裁机构可以根据当事人的请求予以适当减少。当事人就迟延履行约定违约金的,违约方支付违约金后,还应当履行债务。这保护了受损害方的利益、体现了违约金的惩罚性,有利于对违约者的制约,同时体现了公平原则。

5. 定金罚则

定金是在合同订立或在履行之前支付的一定数额的金钱作为担保的担保方式,又称保证金。给付定金的一方称为定金给付方,接受定金的一方称为定金接受方。

当事人可以约定一方向对方给付定金作为债权的担保。定金合同自实际交付定金时成立。

定金的数额由当事人约定;但是,不得超过主合同标的额的百分之二十,超过部分不产生定金的效力。实际交付的定金数额多于或者少于约定数额的,视为变更约定的定金数额。

特别提示

当事人既约定违约金,又约定定金的,一方违约时,对方可以选择适用违约金或者定金条款,即两种违约责任不能合并使用。

【案例5-6】　建筑公司与采石场签订了一个购买石料的合同,合同中约定了违约金,为了确保合同的履行,双方签订了定金合同。建筑公司交付了5万元定金。

2023年4月5日是合同中约定交货的日期,但是采石场没能按时交货,建筑公司要求支付违约金并返还定金。但是采石场认为如果建筑公司选择适用了违约金条款,就不可以要求返还定金了。

【问题】　你认为采石场的观点正确吗?

5.4.4　违约责任的免除

在合同履行过程中,如果出现法定的免责条件或合同约定的免责事由,违约人将免于承担违约责任。我国的《民法典》仅承认不可抗力为法定的免责事由。

《民法典》五百九十条规定,当事人一方因不可抗力不能履行合同的,根据不可抗力的影响,部分或者全部免除责任,但是法律另有规定的除外。因不可抗力不能履行合同的,应当及时通知对方,以减轻可能给对方造成的损失,并应当在合理期限内提供证明。当事人迟延履行后发生不可抗力的,不免除其违约责任。这里的不可抗力,是指不能预见、不能避免并不能克服的客观情况。

当事人一方违约后,对方应当采取适当措施防止损失的扩大;没有采取适当措施致使损失扩大的,不得就扩大的损失请求赔偿。当事人因防止损失扩大而支出的合理费用,由违约方负担。

不可抗力发生后可能引起三种法律后果：一是合同全部不能履行，当事人可以解除合同，并免除全部责任；二是合同部分不能履行，当事人可以部分履行合同，并免除其不履行部分的责任；三是合同不能按期履行，当事人可延期履行合同，并免除其迟延履行的责任。

当事人一方因不可抗力不能履行合同的，应当及时通知对方，以减轻可能给对方造成的损失，并应当在合理期限内提供证明。

【案例 5-7】 2022 年 3 月 5 日，某路桥公司与建设单位签订了某高速公路的施工承包合同。合同中约定，2022 年 5 月 8 日开始施工，9 月 28 日竣工。结果路桥公司在 2022 年 10 月 3 日才竣工。建设单位要求路桥公司承担违约责任。但是路桥公司以施工期间下了 7 天雨，属于不可抗力为由请求免除违约责任。

【问题】 该路桥公司的理由成立吗？

模块 5.5　合同争议解决方式

合同争议是指当事人双方对合同订立和履行情况以及不履行合同的后果所产生的纠纷。对合同订立产生的争议，一般是对合同是否成立及合同的效力产生分歧；对合同履行情况产生的争议，往往是对合同是否履行或者是否已按合同约定履行产生的异议；而对不履行合同的后果产生的争议，则是对没有履行合同或者没有完全履行合同的责任，应由哪方承担责任和如何承担责任而产生的纠纷。由于当事人之间的合同是多样而复杂的，从而因合同引起相互间的权利和义务的争议是在所难免的。选择适当的解决方式，及时解决合同争议，不仅关系到当事人的合同利益和避免损失的扩大，而且对维护社会经济秩序也有重要作用。

合同争议的解决通常有和解、调解、仲裁、诉讼四种形式。

5.5.1　和解

1. 和解的概念

和解是民事纠纷的当事人在自愿互谅的基础上，就已经发生的争议进行协商、妥协与让步并达成协议，自行（无第三方参与劝说）解决争议的一种方式。

2. 和解的特征

（1）和解由当事人之间进行，没有第三人的参与。

（2）和解以当事人自愿平等协商为基础。

（3）和解协议不具有强制执行力。

特别提示

和解可以在民事纠纷的任何阶段进行，无论是否已经进入诉讼或仲裁程序。一般情况下，和解是解决合同争议最方便、成本最低的方式。

5.5.2　调解

1. 调解的概念

调解是指双方当事人以外的第三方应纠纷当事人的请求，以法律法规和政策或合同约定以及社会公德为依据，对纠纷双方进行疏导、劝说，促使他们相互谅解，进行协商，自愿达成协议，解决纠纷的活动。

2. 调解的特征

(1) 中立的第三人在当事人中进行工作。

(2) 调解对纠纷的解决在根本上取决于当事人的合意。

(3) 调解不仅能确定当事人各自的利益，而且可修复因纠纷而受损的关系。

(4) 调解具有经济性，可省时省力。

3. 调解的方式

1) 人民调解

人民调解是指人民调解委员会通过说服、疏导等方式，促使当事人在平等协商基础上自愿达成调解协议，解决民间纠纷的活动。人民调解的组织形式是人民调解委员会。《人民调解法》规定，人民调解委员会是村民委员会和居民委员会下设的调解民间纠纷的群众性自治组织，在人民政府和基层人民法院指导下进行工作。

经人民调解委员会调解达成调解协议的，可以制作调解协议书。当事人认为无须制作调解协议的，可以采取口头协议的方式，人民调解员应当记录协议内容。经人民调解委员会调解达成的调解协议具有法律约束力，当事人应当按照约定履行。当事人就调解协议的履行或者调解协议的内容发生争议的，一方当事人可以向法院提起诉讼。

2) 行政调解

行政调解是指国家行政机关应纠纷当事人的请求，依据法律法规和政策，对属于其职权管辖范围内的纠纷，通过耐心的说服教育，使纠纷的双方当事人互相谅解，在平等协商的基础上达成一致协议，促成当事人解决纠纷。

行政调解分为两种：基层人民政府，即乡、镇人民政府对一般民间纠纷的调解；国家行政机关依照法律规定对某些特定民事纠纷、经济纠纷或劳动纠纷等进行的调解。

行政调解属于诉讼外调解。行政调解达成的协议也不具有强制约束力。

3) 仲裁调解

仲裁调解是仲裁机构对受理的仲裁案件进行的调解。仲裁庭在作出裁决前，可以先行调解。当事人自愿调解的，仲裁庭应当调解。调解不成的，应当及时作出裁决。调解达成协议的，仲裁庭应当制作调解书或者根据协议的结果制作裁决书。调解书与裁决书具有同等法律效力。调解书经双方当事人签收后，即发生法律效力。在调解书签收前当事人反悔的，仲裁庭应当及时作出裁决。

调解可以在仲裁程序中进行，即在征得当事人同意后，仲裁庭在仲裁程序进行过程中担任调解员的角色，对其审理的案件进行调解，以解决当事人之间的争议。

仲裁与调解相结合是中国仲裁制度的特点。该做法将仲裁和调解各自的优点紧密结合起来，不仅有助于解决当事人之间的争议，还有助于保持当事人的友好合作关系，具有很大的灵活性和便利性。

4）法院调解

法院调解是人民法院对受理的民事案件、经济纠纷案件和轻微刑事案件在双方当事人自愿的基础上进行的调解，是诉讼内调解。法院调解书经双方当事人签收后，即具有法律效力，效力与判决书相同。在民事诉讼中，除适用特别程序的案件和当事人有严重违法行为，需给予行政处罚的经济纠纷案件的情形外，各案件均可适用调解。

调解达成协议，必须双方自愿，不得强迫。调解协议的内容不得违反法律规定。

调解达成协议，人民法院应当制作调解书。调解书应当写明诉讼请求、案件的事实和调解结果。调解书由审判员、书记员署名，加盖人民法院印章，送达双方当事人。调解书经双方当事人签收后，即具有法律效力。

但是，下列案件经调解达成协议，人民法院可以不制作调解书：①调解和好的离婚案件；②调解维持收养关系的案件；③能够即时履行的案件；④其他不需要制作调解书的案件。对不需要制作调解书的协议，应当记入笔录，由双方当事人、审判人员、书记员签名或者盖章后，即具有法律效力。

调解未达成协议或者调解书送达前一方反悔的，人民法院应当及时判决。

5）专业机构调解

近年来，我国出现了以处理民商事法律纠纷的专业调解机构，如中国国际商会（中国国际贸易促进委员会）调解中心和北京仲裁委员会。专业机构调解是当事人在发生争议前或争议后，协议约定由指定的具有独立调解规则的机构按照其调解规则进行调解。调解规则是指调解机构、调解员以及调解当事人之间在调解过程中所应遵守的程序性规范。

专业调解机构进行调解达成的调解协议对当事人双方均有约束力。目前，具有独立调解规则的专业调解机构并不多。专业调解机构备有调解员名单，供当事人在个案中指定。调解员由专业调解机构聘请经济、贸易、金融、投资、知识产权、工程承包、运输、保险、法律等领域里具有专门知识及实际经验、公道正派的人士担任。

5.5.3 仲裁

1. 仲裁的概念

仲裁是当事人根据在纠纷发生前或纠纷发生后达成的协议，自愿将纠纷提交第三方（仲裁机构）作出裁决，纠纷各方都有义务执行该裁决的一种解决纠纷的方式。

2. 仲裁的特点

1）自愿性

当事人的自愿性是仲裁最突出的特点。仲裁是最能充分体现当事人意思自治原则的争议解决方式。

2）专业性

专家裁案是民商事仲裁的重要特点之一。仲裁机构的仲裁员是来自各行业具有一定专业水平的专家，精通专业知识、熟悉行业规则，对公正高效处理纠纷，确保仲裁结果公正准确发挥着关键作用。

3）独立性

《仲裁法》规定，仲裁委员会独立于行政机关，与行政机关没有隶属关系。仲裁委员会之间也没有隶属关系。

在仲裁过程中，仲裁庭独立进行仲裁，不受任何行政机关、社会团体和个人的干涉，也不受其他仲裁机构的干涉，具有独立性。

4）保密性

仲裁以不公开审理为原则。同时，当事人及其代理人、证人、翻译、仲裁员、仲裁庭咨询的专家和指定的鉴定人、仲裁委员会有关工作人员也要遵守保密义务，不得对外界透露案件实体和程序的有关情况。

5）快捷性

仲裁实行一裁终局制度，仲裁裁决一经作出即发生法律效力。仲裁裁决不能上诉，这使得当事人之间的纠纷能够迅速得以解决。

6）裁决在国际上得到承认和执行

根据《承认和执行外国仲裁裁决公约》（也简称为《纽约公约》），仲裁裁决可以在其缔约国得到承认和执行。该公约已于1987年4月22日在中国生效。

3．仲裁协议

1）仲裁协议的概念及形式

仲裁协议是指当事人自愿将已经发生或者可能发生的争议通过仲裁解决的书面协议。仲裁协议有仲裁条款、仲裁协议书及其他文件中包含的仲裁协议。

2）仲裁协议的内容

仲裁协议应当具有下列内容：①请求仲裁的意思表示；②仲裁事项；③选定的仲裁委员会。这三项内容必须同时具备，仲裁协议才能有效。

3）仲裁协议的效力

（1）对当事人的法律效力。它是指约束双方当事人对纠纷解决方式的选择权。

（2）对法院的法律效力。它是指排除法院的司法管辖权。

（3）对仲裁机构的法律效力。它是指授予仲裁机构仲裁管辖权并限定仲裁的范围。

我国《仲裁法》规定，有下列情况之一的，仲裁协议无效。

（1）约定的仲裁事项超出法律规定的仲裁范围。

（2）无民事行为能力或限制民事行为能力人订立的仲裁协议。

（3）一方采取胁迫手段迫使对方订立仲裁协议的。

4．仲裁的程序

1）申请与受理

当事人符合下列条件，可以向仲裁委员会递交仲裁申请书：①有仲裁协议；②有具体的仲裁请求和事实、理由；③属于仲裁委员会的受理范围。

仲裁委员会收到仲裁申请书之日起5日内，经审查符合受理条件，应当受理，并通知当事人；不符合受理条件的，应当书面通知当事人不予受理，并说明理由。仲裁委员会受理仲裁申请后，应当在规定的期限内将仲裁规则和仲裁员名册送达申请人，并将仲裁申请书副本和仲裁规则、仲裁员名册送达被申请人。

2）组成仲裁庭

仲裁庭分合议仲裁庭和独任仲裁庭。合议仲裁庭可以由 3 名仲裁员或 1 名仲裁员组成。由 3 名仲裁员组成的，设首席仲裁员；独任仲裁庭由 1 名仲裁员组成，即由 1 名仲裁员对争议案件进行审理并作出裁决。

3）开庭和审理

仲裁审理的方式分为开庭审理和书面审理两种。仲裁应当开庭审理作出裁决，这是仲裁审理的主要方式。为了保护当事人的商业秘密和商业信誉，仲裁不公开进行，当事人协议公开的，可以公开进行，但涉及国家秘密的除外。

仲裁庭通常按下列顺序进行开庭调查：①当事人陈述；②告知证人的权利与义务，证人作证，宣读未到庭的证人证言；③出示书证、物证和视听资料；④宣读勘验笔录、现场笔录；宣读鉴定结论。

4）仲裁中的和解与调解

当事人申请仲裁后，可以自行和解。达成和解协议的，可以请求仲裁庭根据和解协议作出裁决书，也可以撤回仲裁申请。当事人达成和解协议，撤回仲裁申请后反悔的，仍可以根据仲裁协议申请仲裁。

仲裁庭在作出裁决前，可以先行调解。当事人自愿调解的，仲裁庭应当调解。调解不成的，应当及时作出裁决。调解达成协议的，仲裁庭应当制作调解书或者根据协议的结果制作裁决书。调解书与裁决书具有同等法律效力。调解书经双方当事人签收后，即发生法律效力。在调解书签收前当事人反悔的，仲裁庭应当及时作出裁决。

5. 仲裁裁决的执行

仲裁裁决是由仲裁庭作出的具有强制执行效力的法律文书。独任仲裁庭审理的案件由独任仲裁员作出仲裁裁决，合议仲裁庭审理的案件由 3 名仲裁员集体作出仲裁裁决。裁决应当按照多数仲裁员的意见作出，少数仲裁员的不同意见可以记入笔录。仲裁庭无法形成多数意见时，按照首席仲裁员的意见作出。

裁决书自作出之日起发生法律效力，裁决书的效力如下。

（1）裁决书一裁终局，当事人不得就已经裁决的事项再申请仲裁，也不得就此提起诉讼。

（2）仲裁裁决具有强制执行力，一方当事人不履行的，对方当事人可以到法院申请强制执行。

（3）仲裁裁决在所有《承认和执行外国仲裁裁决公约》缔约国（或地区）可以得到承认和执行。

【案例 5-8】 某地建设行政主管部门下发通知，要求在次年 7 月 20 日—9 月 20 日期间，当地所有在建工程的建设项目必须停工。A 建设单位为了在次年 7 月 20 日前实现竣工交付，将其开发的商品房建设项目直接发包给曾经与之合作过的 B 施工单位，B 施工单位基于与 A 建设单位之前良好的合作经历，遂与 A 建设单位就施工合同的一些主要内容签署了一份简单的合同。合同部分约定发生争议时，由××市仲裁委员会裁决。

B 施工单位按照 A 建设单位的要求，开始进场实施桩基施工。后 A 建设单位指定分包，但与 B 施工单位无法达成一致，遂申请仲裁，请求裁决双方签署的合同无效。B 施工单位递交了答辩书，辩称合同约定的仲裁机构是"××市仲裁委员会"，与实际受理的"××仲裁委员会"名称不符,应视为仲裁协议无效,××仲裁委员会无权管辖。

【问题】

(1) ××仲裁委员会是否有权管辖?为什么?

(2) A建设单位与B施工单位签署的简单合同是否有效?为什么?

5.5.4　诉讼

1. 诉讼的概念

诉讼是指人民法院在当事人和其他诉讼参与人的参加下,以审理、裁判、执行等方式解决当事人之间纠纷的活动,以及由此产生的各种诉讼关系的总和。

2. 诉讼的特点

1) 公权性

诉讼是由人民法院代表国家意志行使司法审判权,通过司法手段解决平等主体之间的纠纷。

2) 程序性

诉讼是依照法定程序进行的诉讼活动,无论是法院还是当事人和其他诉讼参与人,都需要严格按照法律规定的程序和方式实施诉讼行为。

3) 强制性

强制性是公权力的重要属性。诉讼的强制性既表现在案件的受理上,又反映在裁判的执行上。调解、仲裁均建立在当事人自愿的基础上,只要有一方当事人不愿意进行调解、仲裁,则调解和仲裁将不会发生。但诉讼不同,只要原告的起诉符合法定条件,无论被告是否愿意,诉讼都会发生。此外,和解、调解协议的履行依靠当事人的自觉,不具有强制执行的效力,但法院的裁判则具有强制执行的效力,一方当事人不履行生效的判决或裁定,另一方当事人可以申请法院强制执行。

3. 诉讼的管辖

诉讼的管辖是指各级人民法院之间和同级人民法院之间受理第一审民事案件的分工和权限。我国民事诉讼法将管辖分为级别管辖、地域管辖、移送管辖和指定管辖。

1) 级别管辖

级别管辖是指按照一定的标准,划分上下级法院之间受理第一审民事案件的分工和权限。我国法院有四级,分别是基层人民法院、中级人民法院、高级人民法院和最高人民法院,每一级均受理一审民事案件。

2) 地域管辖

地域管辖是指按照各法院的辖区和民事案件的隶属关系,划分同级法院受理第一审民事案件的分工和权限。地域管辖实际上是以法院与当事人、诉讼标的以及法律事实之间的隶属关系和关联关系来确定的。专属管辖是地域管辖的一种。法律规定某些案件必须由特定的法院管理,当事人不能以协议的方式加以变更。

3) 移送管辖

移送管辖是指人民法院发现受理的案件不属于本院管辖的,应当移送有管辖权的人民法院,受移送的人民法院应当受理。受移送的人民法院认为受移送的案件依照规定不属于本院管辖的,应当报请上级人民法院指定管辖,不得再自行移送。

4）指定管辖

指定管辖是指有管辖权的人民法院由于特殊原因,不能行使管辖权的,由上级人民法院指定管辖。人民法院之间因管辖权发生争议,由争议双方协商解决;协商解决不了的,报请其共同上级人民法院指定管辖。

 司法解释

建设工程施工合同纠纷管辖的基本原则是什么?

在 2015 年 2 月 4 日《最高人民法院关于适用〈中华人民共和国诉讼法〉》施行之前,建设工程施工合同纠纷曾使用合同纠纷管辖原则,即由被告住所地或者合同履行地人民法院管辖,或在不违反级别管辖和专属管辖规定的情况下,由当事人协议约定法定管辖。

2015 年 1 月 1 日起施行的《最高人民法院关于审理建设工程施工合同纠纷案件适用法律问题的解释》第 24 条进一步规定,建设工程施工合同纠纷以施工行为地为合同履行地。

为便于人民法院审理和人民群众诉讼,2015 年 2 月 4 日施行的《民诉法司法解释》第 28 条第 2 款规定:"农村土地承包经营合同纠纷、房屋租赁合同纠纷、建设工程施工合同纠纷、政策性房屋买卖合同纠纷,按照不动产纠纷确定管辖。"据此,自 2015 年 2 月 4 日之后,建设工程合同纠纷适用专属管辖,即由工程所在地人民法院管辖。

4. 诉讼的审判程序

审判程序是人民法院审理案件适用的程序,可以分为一审程序、二审程序和审判监督程序。

1）一审程序

一审程序包括普通程序和简易程序。普通程序是《民事诉讼法》规定的民事诉讼当事人进行第一审民事诉讼和人民法院审理第一审民事案件所通常适用的诉讼程序。

（1）起诉与受理。起诉是指原告因民事权益受到侵害或与他人发生争议,而向法院提出诉讼,请求法院行使审判权予以确认或保护的行为。起诉必须符合下列条件:原告是与本案有直接利害关系的公民、法人和其他组织;有明确的被告;有具体的诉讼请求、事实和理由;属于人民法院受理民事诉讼的范围和受诉人民法院管辖。

受理是指人民法院通过对当事人的起诉进行审查,对符合法律规定条件的,决定立案审理的行为。《民事诉讼法》规定,法院收到起诉状,经审查,认为符合起诉条件的,应当在 7 日内立案并通知当事人。认为不符合起诉条件的,应当在 7 日内裁定不予受理。原告对裁定不服的,可以提起上诉。

（2）开庭审理。开庭审理是指在法院审判人员主持下,在当事人和其他诉讼参与人的参加下,依法对案件进行实体审理并作出裁判的诉讼活动。

法庭审理通常包括以下阶段:准备开庭、法庭调查、法庭辩论、法庭笔录、宣判。

2）二审程序

二审程序(又称上诉程序或终审程序)是指由于民事诉讼当事人不服地方各级人民法院尚未生效的第一审判决或裁定,在法定上诉期间内,向上一级人民法院提起上诉而引起的诉讼程序。由于我国实行两审终审制,上诉案件经二审法院审理后作出的判决、裁定为终审的判决、裁定,诉讼程序即告终结。

（1）上诉期间。当事人不服地方人民法院第一审判决的,有权在判决书送达之日起

15 日内向上一级人民法院提起上诉；不服地方人民法院第一审裁定的，有权在裁定书送达之日起 10 日内向上一级人民法院提起上诉。

（2）上诉状。当事人提起上诉，应当递交上诉状。上诉状应当通过原审法院提出，并按照对方当事人的人数提出副本。

（3）二审法院对上诉案件的处理。二审法院对上诉案件经过审理，分情形作出驳回上诉、维持原判、依法改判、发回重审的裁判。

二审法院的判决、裁定是终审的判决、裁定，具有强制执行力，一经作出即生效。如果有履行义务的当事人拒不履行，对方当事人有权向法院申请强制执行。

对于发回原审法院重审的案件，原审法院仍将按照一审程序进行审理。因此，当事人对重审案件的判决、裁定，仍然可以上诉。

3）审判监督程序

审判监督程序即再审程序，是指由有审判监督权的法定机关和人员提起，或由当事人申请，由人民法院对发生法律效力的判决、裁定、调解书再次审理的程序。根据提起该程序的主体的不同，可分为基于人民法院行使审判监督权提起的再审程序；基于当事人申请的再审程序；基于人民检察院的抗诉进行的再审程序。

5．诉讼的执行

诉讼的执行是指人民法院的执行机构依照法定的程序，对发生法律效力并具有给付内容的法律文书，以国家强制力为后盾，依法采取强制措施，迫使具有给付义务的当事人履行其给付义务的行为。具体执行措施主要有以下方面。

（1）查封、冻结、划拨被执行人的存款。

（2）扣留、提取被执行人的收入。

（3）查封、扣押、拍卖、变卖被执行人的财产。

（4）对被执行人及其住所或财产隐匿地进行搜查。

（5）强制被执行人和有关单位、公民交付法律文书指定的财物或票证。

（6）强制被执行人迁出房屋或退出土地。

（7）强制被执行人履行法律文书指定的行为。

（8）办理财产权证照转移手续。

（9）强制被执行人支付迟延履行期间的加倍债务利息或迟延履行金。

（10）依申请执行人申请，通知对被执行人负有到期债务的第三人向申请执行人履行债务。

 司法解释

工程承发包双方既选择仲裁又选择诉讼，如何确定管辖机构？

首先，《最高人民法院关于适用〈中华人民共和国仲裁法〉若干问题的解释》（法释〔2006〕7 号）第 7 条明确规定，当事人约定争议可以向仲裁机构申请仲裁也可以向人民法院起诉的，仲裁协议无效。因此，此种情况下可排除仲裁管辖。

其次，《民事诉讼法》第 34 条规定，协议管辖不得违反《民事诉讼法》关于级别管辖和专属管辖的规定。而根据《民诉法司法解释》第 28 条的规定，建设工程施工合同纠纷属于专属管辖。

综上所述，此种情况下，当事人应按照专属管辖的规定向建设工程所在地法院起诉。

单 元 小 结

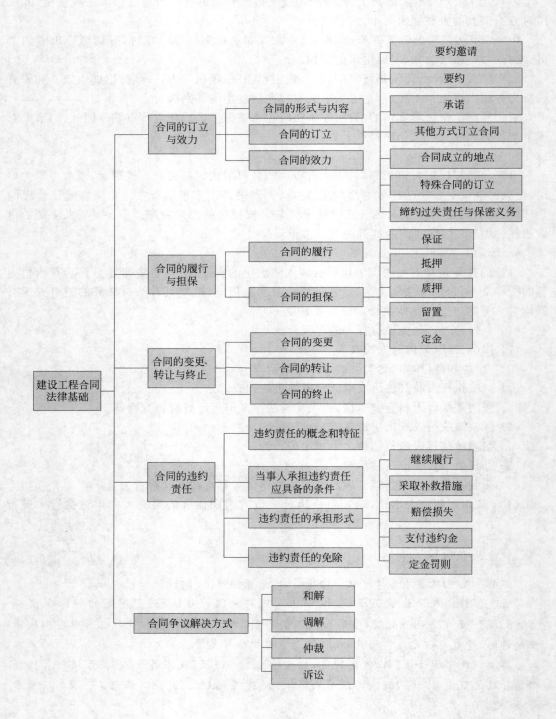

【学习笔记】

思考与练习

一、单项选择题

1. 建设工程合同应当采用的形式是( )。
   A. 书面形式　　　　　　　　　　B. 口头形式
   C. 口头形式为原则,书面形式为例外　　D. 书面形式为原则,口头形式为例外

2. 施工招标的广告属于( )。
   A. 要约　　　　B. 有效承诺　　　　C. 无效承诺　　　　D. 要约邀请

3. 甲公司向乙公司提出购买1 000t钢材,每吨价格3 000元,乙公司同意提供1 000t钢材,但认为价格太低,要求每吨提高到3 200元,甲公司表示同意,乙公司的行为属于( )。
   A. 要约　　　　B. 承诺　　　　C. 要约邀请　　　　D. 要约引诱

4. 甲、乙于4月1日签订一份施工合同。合同履行中,双方于5月1日发生争议,甲于5月20日单方面要求解除合同。乙遂向法院提起诉讼,法院于6月30日判定该合同无效。则该合同自( )无效。
   A. 4月1日　　　B. 5月1日　　　C. 5月20日　　　D. 6月1日

5. 某监理公司为了承揽某开发公司的监理业务,在开发公司的要求下,同意为其免费进行招标代理,但是在招标代理工作完成后,开发公司并未将监理业务委托给该监理公司,则招标代理合同属于( )。
   A. 可撤销合同　　　　　　　　　B. 有效合同
   C. 无效合同　　　　　　　　　　D. 效力待定合同

6. 合同中关于( )的条款的效力具有相对独立性,不受合同无效、变更或者终止的影响。
   A. 违约责任　　　　　　　　　　B. 解决争议
   C. 无效合同　　　　　　　　　　D. 效力待定合同

7. 抵押和质押的区别主要在于( )。
   A. 担保财产是否为第三人财产
   B. 担保财产变卖后的剩余部分是否归债务人
   C. 担保财产是否转移占用
   D. 债权人是否有优先偿还权

8. 担保方式中,必须由第三人为一方当事人提供担保的是( )。
   A. 保证　　　　B. 抵押　　　　C. 留置　　　　D. 定金

9. 债务人决定将合同中的义务转让给第三人时,( )。
   A. 应当经债权人同意
   B. 无须经债权人同意,但应通知债权人
   C. 无须经债权人同意,但应办理公证手续
   D. 无须经债权人同意,也无须通知债权人

10. 债权人转让权利应当( )。
    A. 通知债务人　　　　　　　　　B. 经债务人同意
    C. 只转让主权利,不转让从权利　　D. 无须通知债务人

11. 当合同约定的违约金过分高于因违约行为造成的损失时,违约方(　　)。

　　A. 可拒绝赔偿　　　　　　　　　　　B. 不得提出异议

　　C. 可中止履行义务　　　　　　　　　D. 可要求仲裁机构予以适当减少

12. 建设单位将自己开发的房地产项目抵押给银行,订立了抵押合同,后来又办理了抵押登记,则(　　)。

　　A. 项目转移给银行占有,抵押合同自签订之日起生效

　　B. 项目转移给银行占有,抵押合同自登记之日起生效

　　C. 项目不转移占有,抵押合同自签订之日起生效

　　D. 项目不转移占有,抵押合同自登记之日起生效

13. 在施工合同的履行中,如果建设单位拖欠工程款,经催告后在合理的期限内仍未支付,则施工企业可以主张(　　)。

　　A. 撤销合同,无须通知对方　　　　　B. 撤销合同,但应当通知对方

　　C. 解除合同,无须通知对方　　　　　D. 解除合同,但应当通知对方

14. 在施工合同履行过程中,当事人一方可以免除违约责任的情形是(　　)。

　　A. 因为建设单位拖延提供图纸,导致建筑公司未能按合同约定时间开工

　　B. 因为建筑公司自有设备损坏,导致工期拖延

　　C. 因为发生洪灾,建筑公司无法在合同约定的工期内竣工

　　D. 因为"三通一平"工期拖延,建设单位不能在合同约定的时间内提供施工场地

15. 甲与乙签订了一份合同,约定由丙向甲履行债务,现丙履行债务的行为不符合合同的约定,甲有权(　　)。

　　A. 要求乙承担违约责任　　　　　　　B. 要求乙和丙共同承担违约责任

　　C. 要求丙承担违约责任　　　　　　　D. 要求乙或丙承担违约责任

16. 某施工项目材料采购合同中,双方约定的违约金为4万元、定金6万元。采购方依约支付了6万元定金,供货方违约后,采购方有权主张的最高给付金额为(　　)万元。

　　A. 10　　　　　　B. 4　　　　　　C. 16　　　　　　D. 12

17. 甲与乙订立了一份水泥购销合同,约定甲向乙交付200t水泥,贷款6万元,乙向甲支付定金1万元;如任何一方不履行合同应付违约金1.5万元。甲将水泥卖给丙而无法向乙交付,给乙造成损失2万元。乙提出的如下诉讼请求中,不能获得法院支持的是(　　)。

　　A. 要求甲双倍返还定金2万元

　　B. 要求甲双倍返还定金2万元,同时支付违约金1.5万元

　　C. 要求甲支付违约金2万元

　　D. 要求甲支付违约金1.5万元

18. 材料供应商甲因施工企业乙拖欠贷款,诉讼至人民法院。法院开庭审理后,在主审法官的主持下,乙向甲出具了还款计划。人民法院制作了调解书,则此欠款纠纷解决的方式是(　　)。

　　A. 和解　　　　　B. 调解　　　　　C. 诉讼　　　　　D. 仲裁

19. 承包商与建设单位的合同纠纷不可以通过(　　)方式解决。

　　A. 和解　　　　　B. 行政裁决　　　　C. 仲裁　　　　　D. 诉讼

20. 如果承包商与建设单位签约时就解决纠纷的方式选择了仲裁,则(　　)。

  A. 没有权利选择仲裁员

  B. 申请仲裁后就不可以再达成和解了

  C. 裁决一旦作出,当事人应当履行裁决

  D. 不服结果,依然可以上诉

二、多项选择题

1. 《民法典》规定,合同内容一般包括(　　)。

  A. 标的   B. 数量、质量

  C. 价款或者报酬   D. 签订地点

  E. 解决争议的方法

2. 甲公司将其有权处分的在建工程抵押给银行,银行同时要求甲公司提供保证担保,未约定保证方式。借款到期后,甲无力偿还银行贷款,则该银行有权(　　)。

  A. 直接变卖该工程

  B. 直接与甲协议以工程折价受偿

  C. 直接转移占有该工程

  D. 直接要求保证人代为清偿债务

  E. 向法院起诉拍卖该工程后优先受偿

3. 下列情形导致施工合同无效的有(　　)。

  A. 违反法律、行政法规的强制性规定的

  B. 违背公序良俗的

  C. 恶意串通,损害他人合法权益的

  D. 显失公平的

  E. 重大误解的

4. 根据我国法律的规定,下列合同转让行为无效的是(　　)。

  A. 甲将中标的某项目全部转让给乙施工单位

  B. 甲将自己对乙单位的一笔债务部分转让给丙公司,随后通知乙单位

  C. 甲将中标的某项目的劳务作业全部分包给具有相应资质的丁企业

  D. 甲不顾合同约定的不得转让债权条款,将自己对乙单位的一笔债权转让给丙公司

  E. 甲将自己对乙单位的一笔债权转让给丙公司,随后通知乙单位

5. 当事人订立的书面合同,可以是下列何种形式(　　)。

  A. 合同书   B. 信件   C. 电报   D. 电传

6. 施工单位由于重大误解,在订立买卖合同时将想购买的 A 型钢材误写为 B 型钢材,则施工单位(　　)。

  A. 只能按购买 A 型钢材履行合同

  B. 应按效力待定处理该合同

  C. 可以要求变更为按购买 B 型钢材履行合同

  D. 可以要求撤销该合同

  E. 可以要求确认该合同无效

7. 下列属于民事违约责任承担方式的有(　　)。

  A. 采取补救措施   B. 继续履行

    C. 赔偿损失　　　　　　　　　　　　D. 支付违约金

    E. 定金罚则

  8. 施工企业可单方面解除合同的情形是(　　　)。

    A. 建设单位违约致使合同目的不能实现

    B. 建设单位交付的施工图设计文件深度不足

    C. 地震导致合同无法履行

    D. 建设单位迟延 3 日给付预付款

    E. 建设单位提供的地质资料不准确

  9. 建设工程民事纠纷调解解决的特点有(　　　)。

    A. 有第三方介入　　　　　　　　　　B. 简便易行

    C. 能较经济及时地解决纠纷　　　　　D. 有利于维护双方的长期合作关系

    E. 无论何种调解协议,均不具有强制执行的效力

  10. 采用和解的方式解决纠纷,既有利于维持和发展双方的合作关系,又使当事人之间的争议得以较为经济和及时地解决,以下关于和解的理解错误的有(　　　)。

    A. 和解应该发生在仲裁、诉讼程序之外

    B. 当事人申请仲裁后,达成和解协议的,应撤回仲裁申请

    C. 当事人达成和解协议,撤回仲裁申请后反悔的,可以根据仲裁协议申请仲裁

    D. 发生争议后,当事人可以自行和解。如果达成一致意见,就无须仲裁或诉讼

    E. 当事人在诉讼中和解的,应由原告申请撤诉,经法院裁定撤诉后结束诉讼

三、简答题

1. 合同的订立主要经过哪几个阶段？要约邀请与要约的区别是什么？

2. 建设工程合同生效的要件是什么？

3. 哪些情形下,发包人可以请求解除建设工程施工合同？

4. 什么是违约责任？违约责任的承担方式有哪些？

5. 我国解决建设工程合同的纠纷与争议主要有哪几种方式?

四、案例分析题

1. 施工合同规定,由 A 建设单位提供建筑材料,A 建设单位于 3 月 1 日以信件的方式向上海 B 建材公司发出要约:"愿意购买贵公司水泥 1 万 t,按每吨 350 元/t 的价格,你方负责运输,货到付款,30 天内答复有效。"3 月 10 日信件到达 B 建材公司,B 建材公司收发员李某签收,但由于正逢下班时间,李某于第二天将信交给公司办公室。恰逢 B 建材公司董事长外出,4 月 6 日才回来,他看到 A 建设单位的要约,立即以电话的方式告知 A 建设单位:"如果价格为 380 元/t,可以卖给贵公司 1 万 t 水泥。"A 建设单位不予理睬。4 月 20 日上海 C 建材公司经理吴某在 B 建材公司董事长办公室看到了 A 建设单位的要约,当天回去就向 A 建设单位发了传真:"我们愿意以 350 元/t 的价格出售 1 万 t 水泥。"A 建设单位第二天回电 C 建材公司:"我们只需要 5 000t。"C 建材公司当天回电:"明日发货。"

问题:

(1) 4 月 6 日 B 建材公司电话告知 A 建设单位的内容是要约还是承诺?为什么?

(2) 4 月 20 日 C 建材公司向 A 建设单位发的传真是要约邀请还是要约?为什么?

(3) 4 月 21 日 A 建设单位对 C 建材公司的回电是要约还是承诺?为什么?

(4) 4 月 21 日 C 建材公司对 A 建设单位的回电是要约还是承诺?为什么?

2. 建设单位以 5 000 元/t 的价格向建筑钢材供应商甲购买一批进口螺纹钢,后查实螺纹钢为国产,市场价格只有 3 500 元/t,为此,建设单位与该建筑钢材供应商甲发生纠纷后,建设单位授权本单位采购员李某向建筑钢材供应商乙购买 60t 螺纹钢。李某与乙签订了 60t 螺纹钢的合同,双方约定:乙于 8 月 25 日前向建设单位供货,先交货后付款,合同价款 28 万元,由乙送货到施工现场,合同约定违约金为 2 万元。8 月 20 日,乙听说(没有确切的证据证明)建设单位由于经营状况严重恶化,可能无力支付货款,于是没有按照约定交货。8 月 26 日建设单位既不见乙送货,也无履约消息,于是电话催促,乙回应还需要 10 天才能交货,而建设单位称 9 月 1 日要用于施工,要求乙 9 月 1 日前送货,但遭到乙的反对,双方未达成一致。建设单位便从建筑钢材供应商丙处花 31 万元购进同规格的螺纹钢。9 月 8 日乙将螺纹钢送到施工现场,建设单位拒收,并要求乙赔偿其损失 3 万元,承担违约金 2 万元。

问题:

(1) 本案中建设单位与建筑钢材供应商甲的纠纷应当按无效合同处理还是按可撤销合同处理?为什么?

(2) 建设单位可以解除与建筑钢材供应商乙的合同吗?为什么?建设单位要求建筑钢材供应商乙赔偿其损失 3 万元和承担违约金 2 万元合理吗?为什么?

(3) 建设工程合同纠纷解决的途径有哪些?本案例建设单位与建筑钢材供应商乙产生纠纷的责任应由哪一方承担?应如何承担?

单元 6　建设工程施工合同

教学目标

1. 了解《建设工程施工合同（示范文本）》的结构。
2. 掌握《建设工程施工合同（示范文本）》具体的条款解读。
3. 掌握施工合同的类型。
4. 理解施工合同风险管理的重要性。

教学要求

能力目标	知识要点	权重
能够了解《建设工程施工合同（示范文本）》的结构	《建设工程施工合同（示范文本）》	10%
能够掌握相关的重要条款	合同条款	50%
能够掌握施工合同的类型	施工合同类型	20%
能够理解施工合同风险管理	合同风险	20%

模块 6.1　《建设工程施工合同（示范文本）》的结构

【案例 6-1】 某房地产开发公司新建住宅楼工程。招标文件规定，工程为砖混结构，条形基础，地上 5 层，工期 265 日，固定总价合同模式。至投标阶段工程施工图设计尚未全部完成。在此过程中发生如下事件。

事件一：施工单位中标价格为 1 350 万元。但是经双方 3 轮艰苦谈判，最终确定合同价为 1 200 万元，并据此签订了施工承包合同。

事件二：在投标过程中，施工单位未到现场进行勘察，认为工程结构简单并且对施工现场、周围环境非常熟悉，另外考虑工期不到一年，市场材料价格不会发生太大的变化，于是按照企业以往积累的经验编制标书。

事件三：部分合同条款中规定，施工单位按照开发公司批准的施工组织设计组织施工，施工单位不承担因此引起的工期延误和费用增加责任；开发公司向施工单位提供场地的工程地质和主要管线资料，供施工单位参考使用。

【问题】

(1) 事件一中开发公司的做法是否正确？为什么？

（2）事件二中施工单位承担的风险是哪些？

（3）指出事件三中合同条款的不妥之处，并说明正确做法。

《建设工程施工合同（示范文本）》适用于房屋建筑工程、土木工程、线路管道和设备安装工程、装修工程等建设工程的施工承发包活动，它由协议书、通用条款、专用条款三部分组成。

6.1.1　协议书及合同文件组成

《建设工程施工合同（示范文本）》合同协议书共计13条，主要包括：工程概况、合同工期、质量标准、签约合同价和合同价格形式、项目经理、合同文件构成、承诺以及合同生效条件等重要内容，集中约定了合同当事人基本的合同权利与义务。

特别提示

双方后期有关工程的洽商、变更等书面协议或文件也视为本合同的组成部分。

除专用条款另有约定外，组成本合同的文件及优先解释顺序如下：本合同协议书；中标通知书；投标书及其附件；本合同专用条款；本合同通用条款；标准、规范及有关技术文件；图纸；工程量清单；工程报价单或预算书。

合同当事人要在协议书上签字盖章，协议书具有很强的法律效力。当组成合同的文件发生条款冲突时，合同协议书具有最优先的解释效力。

拓展阅读

合同协议书范例见下方二维码。

合同示范文本、合同协议书范例

6.1.2　通用合同条款

通用合同条款是合同当事人根据法律法规的规定，就工程建设的实施及相关事项，对合同当事人的权利、义务作出的原则性约定。

通用合同条款共计20条，具体条款分别为：一般约定，发包人，承包人，监理人，工程质量，安全文明施工与环境保护，工期和进度，材料与设备，试验与检验，变更，价格调整，合同价格、计量与支付，验收和工程试车，竣工结算，缺陷责任与保修，违约，不可抗力，保险，索赔和争议解决。前述条款安排既考虑了现行法律法规对工程建设的有关要求，也考虑了建设工程施工管理的特殊需要。具体内容详见表6-1。

表 6-1 《建设工程施工合同(示范文本)》通用条款的内容

各部分的内容	各条款的内容	各部分的内容	各条款的内容
1. 一般约定	1. 词语定义与解释 2. 语言文字 3. 法律 4. 标准和规范 5. 合同文件的优先顺序 6. 图纸和承包人文件 7. 联络 8. 严禁贿赂 9. 化石、文物 10. 交通运输 11. 知识产权 12. 保密 13. 工程量清单错误的修正	7. 工期和进度	1. 施工组织设计 2. 施工进度计划 3. 开工 4. 测量放线 5. 工期延误 6. 不利物质条件 7. 异常恶劣的气候条件 8. 暂停施工 9. 提前竣工
2. 发包人	1. 许可和标准 2. 发包人代表 3. 发包人人员 4. 施工现场、施工条件和基础资料的提供 5. 资金来源证明及支付担保 6. 支付合同价款 7. 组织竣工验收 8. 现场统一管理协议	8. 材料与设备	1. 发包人供应材料与工程设备 2. 承包人采购材料与工程设备 3. 材料与工程设备的接受与拒收 4. 材料与工程设备的保管与使用 5. 禁止使用不合格的材料和工程设备 6. 样品 7. 材料与工程设备的替代 8. 施工设备和临时设施 9. 材料与设备专用要求
3. 承包人	1. 承包人的一般义务 2. 项目经理 3. 承包人人员 4. 承包人现场踏勘 5. 分包 6. 工程照管与成品、半成品保护 7. 履约担保 8. 联合体	9. 试验与检验	1. 试验设备与试验人员 2. 取样 3. 材料、工程设备和工程的试验与检验 4. 现场工艺试验
4. 监理人	1. 监理人的一般规定 2. 监理人员 3. 监理人的指示 4. 商定或确定	10. 变更	1. 变更的范围 2. 变更权 3. 变更程序 4. 变更估价 5. 承包人的合理化建议 6. 变更引起的工期调整 7. 暂估价 8. 暂列金额 9. 计日工
5. 工程质量	1. 质量要求 2. 质量保证措施 3. 隐蔽工程检查 4. 不合格工程的处理 5. 质量争议检测	11. 价格调整	1. 市场价格波动引起的调整 2. 法律变化引起的调整
6. 安全文明施工与环境保护	1. 安全文明施工与环境保护 2. 职业健康 3. 环境保护	12. 合同价格、计量与支付	1. 合同价格形式 2. 预付款 3. 计量 4. 工程进度款支付 5. 支付账户

续表

各部分的内容	各条款的内容	各部分的内容	各条款的内容
13. 验收和工程试车	1. 分部分项工程验收 2. 竣工验收 3. 工程试车 4. 提前交付单位工程的验收 5. 施工期运行 6. 竣工退场	17. 不可抗力	1. 不可抗力的确认 2. 不可抗力的通知 3. 不可抗力后果的承担 4. 因不可抗力解除合同
14. 竣工结算	1. 竣工结算申请 2. 竣工结算审核 3. 甩项竣工协议 4. 最终结清	18. 保险	1. 工程保险 2. 工伤保险 3. 其他保险 4. 持续保险 5. 保险凭证 6. 未按约定投保的补救 7. 通知义务
15. 缺陷责任与保修	1. 工程保修的原则 2. 缺陷责任期 3. 质量保证金 4. 保修	19. 索赔	1. 承包人的索赔 2. 对承包人索赔的处理 3. 发包人的索赔 4. 对发包人索赔的处理 5. 提出索赔的期限
16. 违约	1. 发包人违约 2. 承包人违约 3. 第三人造成的违约	20. 争议解决	1. 和解 2. 调解 3. 争议评审 4. 仲裁或诉讼 5. 争议解决条款效力

6.1.3　专用合同条款

　　专用合同条款是对通用合同条款规定内容的确认与具体化,考虑到建设工程的内容各不相同,工期、造价也随之变动,承包人、发包人各自的能力、施工现场的环境和条件也各不相同,通用条款不能完全适用于各个具体工程,因此配以专用条款对其做必要的修改和补充,使通用条款和专用条款成为双方统一意愿的体现。

特别提示

　　专用条款的条款号与通用条款相一致,但主要是空格,由当事人根据工程的具体情况予以明确或者对通用条款进行修改、补充。专用条款的解释顺序优先于通用条款。

 拓展阅读

专用合同条款范例见下方二维码。

专用合同条款范例

模块 6.2 《建设工程施工合同(示范文本)》主要条款解读

《建设工程施工合同(示范文本)》中的条款内容主要围绕三大目标控制展开,为实现工程的质量控制、进度控制、造价控制服务,以及涉及相关的管理要求,从通用条款的期限条款中明确合同主体的权利与承担的义务。

6.2.1 有关质量控制的重要条款

1. 工程质量

工程质量标准必须符合现行国家有关工程施工质量验收规范和标准的要求。有关工程质量的特殊标准或要求由合同当事人在专用合同条款中约定。双方对工程质量有争议,由双方同意的工程质量检测机构鉴定,所需费用及因此而造成的损失由责任方承担;双方均有责任的,由双方根据其责任分别承担。

> **特别提示**
>
> 因承包人原因工程质量达不到合同约定的质量标准的,发包人有权要求承包人返工直至工程质量达到合同约定的标准为止,并由承包人承担由此增加的费用和(或)延误的工期。
>
> 发包人对部分或全部工程质量有特殊要求的,应支付由此增加的追加合同价款(在专用条款中写明计算方法),对工期有影响的应相应顺延工期。
>
> 发包人不得明示或者暗示设计单位或者施工单位违反工程建设强制性标准,降低工程质量。

2. 隐蔽工程

承包人应当对工程隐蔽部位进行自检,并经自检确认是否具备覆盖条件。

除专用合同条款另有约定外,工程隐蔽部位经承包人自检确认具备覆盖条件的,承包人应在共同检查前48小时书面通知监理人检查,通知中应载明隐蔽检查的内容、时间和地点,并应附有自检记录和必要的检查资料。

监理人应按时到场并对隐蔽工程及其施工工艺、材料和工程设备进行检查。经监理人检查确认质量符合隐蔽要求,并在验收记录上签字后,承包人才能进行覆盖。经监理人检查质量不合格的,承包人应在监理人指示的时间内完成修复,并由监理人重新检查,由此增加的费用和(或)延误的工期由承包人承担。

除专用合同条款另有约定外,监理人不能按时进行检查的,应在检查前24小时向承包人提交书面延期要求,但延期不能超过48小时,由此导致工期延误的,工期应予以顺延。监理人未按时进行检查,也未提出延期要求的,视为隐蔽工程检查合格,承包人可自行完成覆盖工作,并作相应记录报送监理人,监理人应签字确认。

3. 重新检查

承包人覆盖工程隐蔽部位后,发包人或监理人对质量有疑问的,可要求承包人对已覆盖的部位进行钻孔探测或揭开重新检查,承包人应遵照执行,并在检查后重新覆盖恢复原状。

特别提示

经重新检查证明工程质量符合合同要求的,由发包人承担由此增加的费用和(或)延误的工期,并支付承包人合理的利润;经检查证明工程质量不符合合同要求的,由此增加的费用和(或)延误的工期由承包人承担。

承包人未通知监理人到场检查,私自将工程隐蔽部位覆盖的,监理人有权指示承包人钻孔探测或揭开检查,无论工程隐蔽部位质量是否合格,由此增加的费用和(或)延误的工期均由承包人承担。

4. 材料设备供应

一般的建设工程材料设备供应分两部分:重要材料及大件设备由发包人自己供应,而普通建材如水泥、钢材、砂石等及小件设备由承包人供应。

1)发包人供应材料设备

发包人自行供应材料、工程设备的,应于签订合同时在专用合同条款的附件"发包人供应材料设备一览表"中明确材料、工程设备的品种、规格、型号、数量、单价、质量等级和送达地点。

承包人应提前30天通过监理人以书面形式通知发包人供应材料与工程设备进场。承包人按照约定修订施工进度计划时,需同时提交经修订后的发包人供应材料与工程设备的进场计划。发包人所供材料设备到货前24小时,应以书面形式通知承包人、监理人到货时间,由承包人负责材料和工程设备的清点、检验和接收。

2)承包人采购材料与工程设备

承包人负责采购材料、工程设备的,应按照设计和有关标准要求采购,并提供产品合格证明及出厂证明,对材料、工程设备质量负责。

特别提示

合同约定由承包人采购的材料、工程设备,发包人不得指定生产厂家或供应商,发包人违反本款约定指定生产厂家或供应商的,承包人有权拒绝,并由发包人承担相应责任。

3)材料与工程设备的接收与保管

发包人供应的材料和工程设备使用前,由承包人负责检验,检验费用由发包人承担,不合格的不得使用。

承包人采购的材料和工程设备由承包人妥善保管,保管费用由承包人承担。法律规定材料和工程设备使用前必须进行检验或试验的,承包人应按监理人的要求进行检验或试验,检验或试验费用由承包人承担,不合格的不得使用。

5. 竣工验收

1)分部分项工程验收

除专用合同条款另有约定外,分部分项工程经承包人自检合格并具备验收条件的,承包人应提前48小时通知监理人进行验收。监理人不能按时进行验收的,应在验收前24小时向承包人提交书面延期要求,但延期不能超过48小时。监理人未按时进行验收,也未提出延期要求的，承包人有权自行验收，监理人应认可验收结果。分部分项工程未经验收的，不得进入下一道工序施工。

分部分项工程的验收资料应当作为竣工资料的组成部分。

2）竣工验收的条件

通用条款中规定工程具备以下条件的，承包人可以申请竣工验收。

（1）除发包人同意的甩项工作和缺陷修补工作外，合同范围内的全部工程以及有关工作，包括合同要求的试验、试运行以及检验均已完成，并符合合同要求。

（2）已按合同约定编制了甩项工作和缺陷修补工作清单以及相应的施工计划。

（3）已按合同约定的内容和份数备齐竣工资料。

3）竣工验收的工作程序及合同双方责任

除专用合同条款另有约定外，承包人申请竣工验收的，应当按照以下程序进行。

（1）承包人向监理人报送竣工验收申请报告，监理人应在收到竣工验收申请报告后14天内完成审查并报送发包人。监理人审查后认为尚不具备验收条件的，应通知承包人在竣工验收前承包人还需完成的工作内容，承包人应在完成监理人通知的全部工作内容后，再次提交竣工验收申请报告。

（2）监理人审查后认为已具备竣工验收条件的，应将竣工验收申请报告提交发包人，发包人应在收到经监理人审核的竣工验收申请报告后28天内审批完毕并组织监理人、承包人、设计人等相关单位完成竣工验收。

（3）竣工验收合格的，发包人应在验收合格后14天内向承包人签发工程接收证书。发包人无正当理由逾期不颁发工程接收证书的，自验收合格后第15天起视为已颁发工程接收证书。

（4）竣工验收不合格的，监理人应按照验收意见发出指示，要求承包人对不合格工程返工、修复或采取其他补救措施，由此增加的费用和（或）延误的工期由承包人承担。承包人在完成不合格工程的返工、修复或采取其他补救措施后，应重新提交竣工验收申请报告，并按本项约定的程序重新进行验收。

（5）工程未经验收或验收不合格，发包人擅自使用的，应在转移占有工程后7天内向承包人颁发工程接收证书；发包人无正当理由逾期不颁发工程接收证书的，自转移占有后第15天起视为已颁发工程接收证书。

除专用合同条款另有约定外，发包人不按照本项约定组织竣工验收、颁发工程接收证书的，每逾期一天，应以签约合同价为基数，按照中国人民银行发布的同期同类贷款基准利率支付违约金。

4）工程接收

（1）拒绝接收全部或部分工程。对于竣工验收不合格的工程，承包人完成整改后，应当重新进行竣工验收，经重新组织验收仍不合格且无法采取措施补救的，则发包人可以拒绝接收不合格工程，因不合格工程导致其他工程不能正常使用的，承包人应采取措施确保相关工程的正常使用，由此增加的费用和（或）延误的工期由承包人承担。

（2）移交、接收全部与部分工程。除专用合同条款另有约定外，合同当事人应当在颁发工程接收证书后7天内完成工程的移交。

发包人无正当理由不接收工程的，发包人自应当接收工程之日起，承担工程照管、成品保护、保管等与工程有关的各项费用。合同当事人可以在专用合同条款中另行约定发包人逾期接收工程的违约责任。

承包人无正当理由不移交工程的,承包人应承担工程照管、成品保护、保管等与工程有关的各项费用,合同当事人可以在专用合同条款中另行约定承包人无正当理由不移交工程的违约责任。

【案例 6-2】 某实行监理的工程,建设单位与总承包单位按《建设工程施工合同(示范文本)》签订了施工合同,总承包单位按合同约定将一专业工程分包。施工过程中发生了下列事件。

事件一:由建设单位负责采购的一批材料,因规格、型号与合同约定不符,施工单位不予接收保管,建设单位要求项目监理机构协调处理。

事件二:专业监理工程师现场巡视时发现,总承包单位在某隐蔽工程施工时,未通知项目监理机构即进行隐蔽。

事件三:工程完工后,总承包单位在自查自评的基础上填写了工程竣工报验单,连同全部竣工资料报送项目监理机构,申请竣工验收。总监理工程师认为施工过程均按要求进行了验收,便签署了竣工报验单,并向建设单位提交了竣工验收报告和质量评估报告。建设单位收到该报告后,即将工程投入使用。

【问题】

(1)针对事件一,项目监理机构应如何协调处理?

(2)针对事件二,写出总承包单位的正确做法。

(3)分别指出事件三中总监理工程师、建设单位的不妥之处,写出正确做法。

6. 缺陷责任和保修

在工程移交发包人后,因承包人原因产生的质量缺陷,承包人应承担质量缺陷责任和保修义务。缺陷责任期届满,承包人仍应按合同约定的工程各部位保修年限承担保修义务。

1) 缺陷责任期

缺陷责任期内,由承包人原因造成的缺陷,承包人应负责维修,并承担鉴定及维修费用。如承包人既不维修也不承担费用,发包人可按合同约定从保证金或银行保函中扣除,费用超出保证金额的,发包人可按合同约定向承包人进行索赔。承包人维修并承担相应费用后,不免除对工程的损失赔偿责任。发包人有权要求承包人延长缺陷责任期,并应在原缺陷责任期届满前发出延长通知。但缺陷责任期(含延长部分)最长不能超过 24 个月。

由他人原因造成的缺陷,发包人负责组织维修,承包人不承担费用,且发包人不得从保证金中扣除费用。

除专用合同条款另有约定外,承包人应于缺陷责任期届满后 7 天内向发包人发出缺陷责任期届满通知,发包人应在收到缺陷责任期满通知后 14 天内核实承包人是否履行缺陷修复义务,承包人未能履行缺陷修复义务的,发包人有权扣除相应金额的维修费用。发包人应在收到缺陷责任期届满通知后 14 天内,向承包人颁发缺陷责任期终止证书。

特别提示

缺陷责任期从工程通过竣工验收之日起计算,合同当事人应在专用合同条款中约定缺陷责任期的具体期限,但该期限最长不超过 24 个月。

2）质量保证金

经合同当事人协商一致扣留质量保证金的,应在专用合同条款中予以明确。在工程项目竣工前,承包人已经提供履约担保的,发包人不得同时预留工程质量保证金。

承包人提供质量保证金的方式有 3 种:质量保证金保函、相应比例的工程款或者双方约定的其他方式。除专用合同条款另有约定外,提供质量保证金原则上采用质量保证金保函的方式。

质量保证金的扣留方式有 3 种:支付工程进度款时逐次扣留、工程竣工结算时一次性扣留、双方约定的其他扣留方式。除专用合同条款另有约定外,扣留质量保证金原则上采用支付工程进度款时逐次扣留的方式。

缺陷责任期内,承包人认真履行合同约定的责任,到期后,承包人可向发包人申请返还保证金。

3）保修

工程保修期从工程竣工验收合格之日起算,具体分部分项工程的保修期由合同当事人在专用合同条款中约定,但不得低于法定最低保修年限。在工程保修期内,承包人应当根据有关法律规定以及合同约定承担保修责任。

发包人未经竣工验收擅自使用工程的,保修期自转移占有之日起算。

 相关链接

《建设工程质量管理条例》第四十条规定,在正常使用条件下,建设工程的最低保修期限为:基础设施工程、房屋建筑的地基基础工程和主体结构工程,为设计文件规定的该工程的合理使用年限;屋面防水工程,有防水要求的卫生间、房间和外墙面的防渗漏,为5 年;供热与供冷系统,为 2 个采暖期、供冷期;电气管线、给排水管道、设备安装和装修工程,为 2 年。

特别提示

返修、返工、保修的区别与联系:

返修是指建设工程质量不符合法律规定或者合同约定的质量标准,在可以修复的情况下,对工程进行修理使其达到质量标准要求的行为。本质是承包人在施工过程中至竣工验收合格前,对工程质量问题进行修理整改的义务。

返工是指建设工程质量不符合法律规定或者合同约定的质量标准,又无法修理的情况下重新进行施工。一般应先选择返修,若不能返修或者返修后仍然达不到质量标准的,应当进行返工。

保修是指承包人在工程通过竣工验收后至保修期届满前对工程承担的维护保修义务。

6.2.2 有关进度控制的重要条款

要保证建设项目按期完成,就必须对工程进度进行严格控制。建设工程施工合同的进度控制可以分为施工准备阶段、施工阶段和竣工验收阶段的进度控制。

1. 施工准备阶段的进度控制

1）进度计划

除专用合同条款另有约定外，承包人应在合同签订后 14 天内，但最迟不得晚于开工日期前 7 天，向监理人提交详细的施工组织设计，并由监理人报送发包人。除专用合同条款另有约定外，发包人和监理人应在监理人收到施工组织设计后 7 天内确认或提出修改意见。对发包人和监理人提出的合理意见和要求，承包人应自费修改完善。根据工程实际情况需要修改施工组织设计的，承包人应向发包人和监理人提交修改后的施工组织设计。

除专用合同条款另有约定外，发包人和监理人应在收到修订的施工进度计划后 7 天内完成审核和批准或提出修改意见。

特 别 提 示

发包人和监理人对承包人提交的施工进度计划的确认，不能减轻或免除承包人根据法律规定和合同约定应承担的任何责任或义务。

2）开工

发包人应按照法律规定获得工程施工所需的许可。经发包人同意后，监理人发出的开工通知应符合法律规定。监理人应在计划开工日期 7 天前向承包人发出开工通知，工期自开工通知中载明的开工日期起算。

除专用合同条款另有约定外，因发包人原因造成监理人未能在计划开工日期之日起 90 天内发出开工通知的，承包人有权提出价格调整要求，或者解除合同。发包人应当承担由此增加的费用和（或）延误的工期，并向承包人支付合理利润。

2. 施工阶段的进度控制

1）工期延误

（1）因发包人原因导致工期延误。在合同履行过程中，因下列情况导致工期延误和（或）费用增加的，由发包人承担由此延误的工期和（或）增加的费用，且发包人应支付承包人合理的利润：发包人未能按合同约定提供图纸或所提供图纸不符合合同约定的；发包人未能按合同约定提供施工现场、施工条件、基础资料、许可、批准等开工条件的；发包人提供的测量基准点、基准线和水准点及其书面资料存在错误或疏漏的；发包人未能在计划开工日期之日起 7 天内同意下达开工通知的；发包人未能按合同约定日期支付工程预付款、进度款或竣工结算款的；监理人未按合同约定发出指示、批准等文件的；专用合同条款中约定的其他情形。

因发包人原因未按计划开工日期开工的，发包人应按实际开工日期顺延竣工日期，确保实际工期不低于合同约定的工期总日历天数。

（2）因承包人原因导致工期延误。因承包人原因造成工期延误的，可以在专用合同条款中约定逾期竣工违约金的计算方法和逾期竣工违约金的上限。承包人支付逾期竣工违约金后，不免除承包人继续完成工程及修补缺陷的义务。

2）暂停施工

（1）发包人原因引起的暂停施工。因发包人原因引起的暂停施工，发包人应承担由此增加的费用和（或）延误的工期，并支付承包人合理的利润。

（2）承包人原因引起的暂停施工。因承包人原因引起的暂停施工，承包人应承担由此增加的费用和（或）延误的工期，且承包人在收到监理人复工指示后84天内仍未复工的，视为承包人违约，无法继续履行合同。

（3）指示暂停施工。监理人认为有必要时，并经发包人批准后，可向承包人作出暂停施工的指示，承包人应按监理人指示暂停施工。

（4）紧急情况下的暂停施工。因紧急情况需暂停施工，且监理人未及时下达暂停施工指示的，承包人可先暂停施工，并及时通知监理人。监理人应在接到通知后24小时内发出指示，逾期未发出指示，视为同意承包人暂停施工。监理人不同意承包人暂停施工的，应说明理由；承包人对监理人的答复有异议，按照争议解决约定处理。

（5）暂停施工后的复工。暂停施工后，发包人和承包人应采取有效措施积极消除暂停施工的影响。在工程复工前，监理人会同发包人和承包人确定因暂停施工造成的损失，并确定工程复工的条件。当工程具备复工条件时，监理人应经发包人批准后向承包人发出复工通知，承包人应按照复工通知要求复工。

承包人无故拖延和拒绝复工的，承包人承担由此增加的费用和（或）延误的工期；因发包人原因无法按时复工的，按照因发包人原因导致工期延误的约定办理。

（6）暂停施工持续56天以上。监理人发出暂停施工指示后56天内未向承包人发出复工通知的，除该项停工属于承包人原因引起的暂停施工及不可抗力约定的情形外，承包人可向发包人提交书面通知，要求发包人在收到书面通知后28天内准许已暂停施工的部分或全部工程继续施工。

暂停施工持续84天以上不复工的，且不属于承包人原因引起的暂停施工及不可抗力约定的情形，并影响到整个工程以及合同目的实现的，承包人有权提出价格调整要求，或者解除合同。

（7）暂停施工期间的工程照管。暂停施工期间，承包人应负责妥善照管工程并提供安全保障，由此增加的费用由责任方承担。

（8）暂停施工的措施。暂停施工期间，发包人和承包人均应采取必要的措施确保工程质量及安全，防止因暂停施工扩大损失。

 司法解释

《建设工程司法解释二》第5条规定："当事人对建设工程开工日期有争议的，人民法院应当分别按照以下情形予以认定：（一）开工日期为发包人或者监理人发出的开工通知载明的开工日期；开工通知发出后，尚不具备开工条件的，以开工条件具备的时间为开工日期；因承包人原因导致开工时间推迟的，以开工通知载明的时间为开工日期。（二）承包人经发包人同意已经实际进场施工的，以实际进场施工对间为开工日期。（三）发包人或者监理人未发出开工通知，亦无相关证据证明实际开工日期的，应当综合考虑开工报告、合同、施工许可证、竣工验收报告或者竣工验收备案表等载明的时间，并结合是否具备开工条件的事实，认定开工日期。"

3. 竣工验收阶段的进度控制

承包人必须按照协议书约定的竣工日期或者工程师同意顺延的工期竣工。因承包人原因不能按照协议书约定的竣工日期或者工程师同意顺延的工期竣工的,承包人应当承担违约责任。

发包人要求承包人提前竣工的,发包人应通过监理人向承包人下达提前竣工指示,承包人应向发包人和监理人提交提前竣工建议书,提前竣工建议书应包括实施的方案、缩短的时间、增加的合同价格等内容。发包人接受该提前竣工建议书的,监理人应与发包人和承包人协商采取加快工程进度的措施,并修订施工进度计划,由此增加的费用由发包人承担。承包人认为提前竣工指示无法执行的,应向监理人和发包人提出书面异议,发包人和监理人应在收到异议后 7 天内予以答复。任何情况下,发包人不得压缩合理工期。

发包人要求承包人提前竣工,或承包人提出提前竣工的建议能够给发包人带来效益的,合同当事人可以在专用合同条款中约定提前竣工的奖励。

特别提示

> 竣工日期的确定:工程经竣工验收合格的,以承包人提交竣工验收申请报告之日为实际竣工日期,并在工程接收证书中载明;因发包人原因,未在监理人收到承包人提交的竣工验收申请报告 42 天内完成竣工验收,或完成竣工验收不予签发工程接收证书的,以提交竣工验收申请报告的日期为实际竣工日期;工程未经竣工验收,发包人擅自使用的,以转移占有工程之日为实际竣工日期。

6.2.3 有关造价控制的重要条款

1. 合同价格调整

除专用合同条款另有约定外,市场价格波动超过合同当事人约定的范围,合同价格应当调整。合同当事人可以在专用合同条款中约定选择采用价格指数、造价信息或者其他方式对合同价格进行调整。

2. 工程预付款

预付款的支付按照专用合同条款约定执行,但最迟应在开工通知载明的开工日期 7 天前支付。预付款应当用于材料、工程设备、施工设备的采购及修建临时工程、组织施工队伍进场等。

除专用合同条款另有约定外,预付款在进度付款中同比例扣回。在颁发工程接收证书前,提前解除合同的,尚未扣完的预付款应与合同价款一并结算。

发包人逾期支付预付款超过 7 天的,承包人有权向发包人发出要求预付的催告通知,发包人收到通知后 7 天内仍未支付的,承包人有权暂停施工,并按发包人违约的情形执行。

发包人要求承包人提供预付款担保的,承包人应在发包人支付预付款 7 天前提供预付款担保,专用合同条款另有约定除外。预付款担保可采用银行保函、担保公司担保等形式,具体由合同当事人在专用合同条款中约定。在预付款完全扣回之前,承包人应保证预付款担保持续有效。

发包人在工程款中逐期扣回预付款后,预付款担保额度应相应减少,但剩余的预付款担保金额不得低于未被扣回的预付款金额。

特别提示

　　预付款的额度,建筑工程一般不得超过当年建筑(包括水、电、暖、卫等)工程工作量的 30%,大量采用预制构件以及工期在 6 个月以内的工程,可以适当增加;安装工程一般不得超过当年安装工程量的 10%,安装材料用量较大的工程可以适当增加。

3. 工程进度款

1）工程量计量

　　工程量计量按照合同约定的工程量计算规则、图纸及变更指示等进行计量。工程量计算规则应以相关的国家标准、行业标准等为依据,由合同当事人在专用合同条款中约定。

　　除专用合同条款另有约定外,工程量的计量按月进行。

2）工程进度款的支付

　　除专用合同条款另有约定外,付款周期应与计量周期保持一致。

　　(1）除专用合同条款另有约定外,进度付款申请单应包括下列内容:截至本次付款周期已完成工作对应的金额;变更应增加和扣减的变更金额;预付款约定应支付的预付款和扣减的返还预付款;质量保证金约定应扣减的质量保证金;索赔应增加和扣减的索赔金额;对已签发的进度款支付证书中出现错误的修正,应在本次进度付款中支付或扣除的金额;根据合同约定应增加和扣减的其他金额。

　　(2）进度付款申请单的提交。合同当事人可在专用合同条款中约定其他价格形式合同的进度付款申请单的编制和提交程序。

　　(3）进度款审核和支付。除专用合同条款另有约定外,监理人应在收到承包人进度付款申请单以及相关资料后 7 天内完成审查并报送发包人,发包人应在收到后 7 天内完成审批并签发进度款支付证书。发包人逾期未完成审批且未提出异议的,视为已签发进度款支付证书。

　　除专用合同条款另有约定外,发包人应在进度款支付证书或临时进度款支付证书签发后 14 天内完成支付,发包人逾期支付进度款的,应按照中国人民银行发布的同期同类贷款基准利率支付违约金。

特别提示

　　发包人签发进度款支付证书或临时进度款支付证书,不表明发包人已同意、批准或接受承包人完成的相应部分的工作。

4. 竣工结算

1）竣工结算申请

　　除专用合同条款另有约定外,承包人应在工程竣工验收合格后 28 天内向发包人和监理人提交竣工结算申请单,并提交完整的结算资料,有关竣工结算申请单的资料清单和份数等要求由合同当事人在专用合同条款中约定。

　　除专用合同条款另有约定外,竣工结算申请单应包括以下内容:竣工结算合同价格;发包人已支付承包人的款项;应扣留的质量保证金(已缴纳履约保证金的或提供其他工程质量担保方式的除外);发包人应支付承包人的合同价款。

2）竣工结算审核

除专用合同条款另有约定外，监理人应在收到竣工结算申请单后 14 天内完成核查并报送发包人。发包人应在收到监理人提交的经审核的竣工结算申请单后 14 天内完成审批，并由监理人向承包人签发经发包人签认的竣工付款证书。

发包人在收到承包人提交竣工结算申请书后 28 天内未完成审批且未提出异议的，视为发包人认可承包人提交的竣工结算申请单，并自发包人收到承包人提交的竣工结算申请单后第 29 天起视为已签发竣工付款证书。

除专用合同条款另有约定外，发包人应在签发竣工付款证书后的 14 天内，完成对承包人的竣工付款。发包人逾期支付的，按照中国人民银行发布的同期同类贷款基准利率支付违约金；逾期支付超过 56 天的，按照中国人民银行发布的同期同类贷款基准利率的两倍支付违约金。

承包人对发包人签认的竣工付款证书有异议的，对于有异议部分应在收到发包人签认的竣工付款证书后 7 天内提出异议。

3）甩项竣工协议

发包人要求甩项竣工的，合同当事人应签订甩项竣工协议。

6.2.4 管理性重要条款

1. 违约责任

在建设施工合同实施过程中，发承包双方应当努力按合同约定履行自己的义务，不违约，一旦发生违约行为则应承担相应责任。

1）发包人违约

（1）发包人违约情形。在合同履行过程中发生的下列情形，属于发包人违约：①因发包人原因未能在计划开工日期前 7 天内下达开工通知的；②因发包人原因未能按合同约定支付合同价款的；③发包人违反变更范围的约定，自行实施被取消的工作或转由他人实施的；④发包人提供的材料、工程设备的规格、数量或质量不符合合同约定，或因发包人原因导致交货日期延误或交货地点变更等情况的；⑤因发包人违反合同约定造成暂停施工的；⑥发包人无正当理由没有在约定期限内发出复工指示，导致承包人无法复工的；⑦发包人明确表示或者以其行为表明不履行合同主要义务的；⑧发包人未能按照合同约定履行其他义务的。发包人发生除第⑦项以外的违约情况时，承包人可向发包人发出通知，要求发包人采取有效措施纠正违约行为。发包人收到承包人通知后 28 天内仍不纠正违约行为的，承包人有权暂停相应部位工程施工，并通知监理人。

（2）发包人违约的责任。发包人应承担因其违约给承包人增加的费用和（或）延误的工期，并支付承包人合理的利润。此外，合同当事人可在专用合同条款中另行约定发包人违约责任的承担方式和计算方法。

（3）因发包人违约解除合同。除专用合同条款另有约定外，承包人按发包人违约的情形约定暂停施工满 28 天后，发包人仍不纠正其违约行为并致使合同目的不能实现的，或出现发包人明确表示或者以其行为表明不履行合同主要义务的违约情况时，承包人有权解除合同，发包人应承担由此增加的费用，并支付承包人合理的利润。

（4）因发包人违约解除合同后的付款。承包人按照本款约定解除合同的,发包人应在解除合同后 28 天内支付下列款项,并解除履约担保:合同解除前所完成工作的价款;承包人为工程施工订购并已付款的材料、工程设备和其他物品的价款;承包人撤离施工现场以及遣散承包人人员的款项;按照合同约定在合同解除前应支付的违约金;按照合同约定应当支付给承包人的其他款项;按照合同约定应退还的质量保证金;因解除合同给承包人造成的损失。

承包人应妥善做好已完工程和与工程有关的已购材料、工程设备的保护和移交工作,并将施工设备和人员撤出施工现场,发包人应为承包人撤出提供必要条件。

2）承包人违约

承包人违约责任的承担方式和计算方法可以在合同中进行约定。

（1）承包人违约的情形。在合同履行过程中发生的下列情形,属于承包人违约:①承包人违反合同约定进行转包或违法分包的;②承包人违反合同约定采购和使用不合格的材料和工程设备的;③因承包人原因导致工程质量不符合合同要求的;④承包人违反材料与设备专用要求的约定,未经批准,私自将已按照合同约定进入施工现场的材料或设备撤离施工现场的;⑤承包人未能按施工进度计划及时完成合同约定的工作,造成工期延误的;⑥承包人在缺陷责任期及保修期内,未能在合理期限对工程缺陷进行修复,或拒绝按发包人要求进行修复的;⑦承包人明确表示或者以其行为表明不履行合同主要义务的;⑧承包人未能按照合同约定履行其他义务的。承包人发生除第⑦项约定以外的其他违约情况时,监理人可向承包人发出整改通知,要求其在指定的期限内改正。

（2）承包人违约的责任。承包人应承担因其违约行为而增加的费用和(或)延误的工期。此外,合同当事人可在专用合同条款中另行约定承包人违约责任的承担方式和计算方法。

（3）因承包人违约解除合同。除专用合同条款另有约定外,出现上述第⑦项约定的违约情况时,或监理人发出整改通知后,承包人在指定的合理期限内仍不纠正违约行为并致使合同目的不能实现的,发包人有权解除合同。合同解除后,因继续完成工程的需要,发包人有权使用承包人在施工现场的材料、设备、临时工程、承包人文件和由承包人或以其名义编制的其他文件,合同当事人应在专用合同条款约定相应费用的承担方式。发包人继续使用的行为不免除或减轻承包人应承担的违约责任。

（4）因承包人违约解除合同后的处理。因承包人原因导致合同解除的,则合同当事人应在合同解除后 28 天内完成估价、付款和清算,并按以下约定执行:合同解除后,按商定或确定的承包人实际完成工作对应的合同价款,以及承包人已提供的材料、工程设备、施工设备和临时工程等的价值;合同解除后,承包人应支付的违约金;合同解除后,因解除合同给发包人造成的损失;合同解除后,承包人应按照发包人要求和监理人的指示完成现场的清理和撤离;发包人和承包人应在合同解除后进行清算,出具最终结清付款证书,结清全部款项。

2. 争议处理

1）和解

合同当事人可以就争议自行和解,自行和解达成协议的经双方签字并盖章后作为合同补充文件,双方均应遵照执行。

2）调解

合同当事人可以就争议请求建设行政主管部门、行业协会或其他第三方进行调解,调解达成协议的,经双方签字并盖章后作为合同补充文件,双方均应遵照执行。

3）争议评审

合同当事人在专用合同条款中约定采取争议评审方式解决争议以及评审规则,由争议评审小组决定。

4）仲裁或诉讼

因合同及合同有关事项产生的争议,合同当事人可以在专用合同条款中约定以下一种方式解决争议:

（1）向约定的仲裁委员会申请仲裁;

（2）向有管辖权的人民法院起诉。

特别提示

合同有关争议解决的条款独立存在,合同的变更、解除、终止、无效或者被撤销均不影响其效力。

模块 6.3　施工合同与风险

6.3.1　各类施工合同风险分析

1. 施工合同类型与适用范围

建设工程施工合同的类型有多种,在实际应用中应根据不同的项目特性选择适合的合同类型。

1）总价合同

总价合同可分为固定总价合同和可调总价合同。

（1）固定总价合同。固定总价合同是在工程任务和内容明确、发包人的要求和条件清楚的情况下,以图纸及规定、规范为基础,由承发包双方就所承包的项目协商确定总价,一笔包死,不因环境的变化和工程量增减而变化。除非发生重大设计及工程范围变更或其他特殊情况,合同中约定可以调整的才可做相应的变动。因此,合同中要对重大设计变更进行定义,明确哪些属于能调整价格的特殊条件,以及合同价格的调整方法。

固定总价合同中双方结算比较简单,适用的情况有:工程量小、工期短,估计在施工过程中环境因素(特别是物价)变化小,工程条件稳定并合理,与招标文件说明无明显差异;工程设计详细,图纸完整、清楚,工程任务和范围明确;工程结构和技术简单,一般很少或不采用新技术、新工艺,风险小,报价估算方便;投标期相对宽裕,承包人可以有充足的时间详细考察现场、复核工程量,分析招标文件,拟定施工计划;合同条件中双方的权利和义务十分清楚,合同条件完备。

固定总价合同中,承包人承担了较大的风险,发包人承担的风险较小。承包人风险主要来自两方面:一是价格风险,包括报价计算错误、漏报项目、物价和人工费上涨等;二是工程量风险,包括工程量计算错误、工程范围不确定或者设计深度不够所造成的误差等。因此,承包人在报价时应对一切费用的价格变动因素做充分估计,并在报价中予以体现。

司法解释

固定总价合同中,承包人按照发包人提供的计算错误的工程量清单投标报价,发包人要求按照固定总价结算,如何处理?

例如,某工程发包人提供的工程量清单存在计算错误,承包人按照工程量清单投标报价,双方签订固定总价合同。当发生结算纠纷时,发包人以工程量清单仅作为承包人投标报价的参考、承包人应自行核对图纸及工程量为由,要求承包人自行承担责任,法院应当如何处理?

《建设工程工程量清单计价规范》(GB 50500—2013)是住建部根据《标准化法》及《标准化法实施条例》的授权制定并颁布,其中的强制性条文必须执行。《标准化法实施条例》第18条规定,工程建设的质量、安全、卫生标准及国家需要控制的其他工程建设标准,属于强制性标准。

《建设工程工程量清单计价规范》(GB 50500—2013)4.1.2条明确规定"招标工程量清单必须作为招标文件的组成部分,其准确性和完整性应由招标人负责"。发包人要求承包人承担责任并按固定总价支付工程款的抗辩违反了工程量清单计价的强制性规定,原则上不予支持。

(2) 可调总价合同。可调总价合同是以图纸及规范、规定为基础,按照"时价"进行计算,得到包括全部工程任务和内容的暂定合同价格。它是一种相对固定的价格,在合同执行过程中,由于通货膨胀等原因导致使用的工、料成本增加时,可以按照合同约定对合同总价进行相应的调整。而一般由于设计变更、工程量变化和其他工程条件变化引起的费用变化也可以进行调整。

可调总价合同只是在固定总价合同的基础上,增加合同履行过程因市场价格浮动对承包价格调整的条款,因此在合同中明确约定合同价款的调整原则、方法和依据,往往在合同特别说明书中列明。调价工作必须按照这些特定的调价条款进行。分析可调总价合同的特点,与固定总价合同的不同在于,它对合同实施中出现的风险做了分摊,发包方承担了通货膨胀这一不可预测费用因素的风险,而承包方只承担了实施中实物工程量成本和工期等因素的风险。

可调总价合同适用于工程内容和技术经济指标规定均较明确的,工期在一年以上的项目。

2）单价合同

单价合同又分为固定单价合同和可调单价合同。

（1）固定单价合同。固定单价合同是指合同中确定的各项单价在合同执行期间不因价格变化而调整，常用的一种形式是估算工程量单价合同。估算工程量单价合同是指承包商在报价时，按照招标文件中提供的估算工程量报单价，在每个阶段办理结算时根据实际完成的工程量结算，直至工程全部完成时按照竣工图的工程量办理竣工结算。

> **特别提示**
>
> 固定单价合同条件下，无论发生哪些影响价格的因素都不对单价进行调整，因而承包人承担的风险较大，不仅包括了市场价格的风险，还包括工程量偏差导致施工成本增加的风险。它适用于工程性质比较清楚（如已经具备初步设计图纸等）、工期较短、工程量难以确定但工程量变化幅度不会太大的项目，当以后需增加工程内容或工程量时，可按单价适当追加合同内容。

（2）可调单价合同。合同单价可调，一般是在工程招标文件中规定。在合同中签订的单价，根据合同约定的条款，如在工程实施过程中物价发生变化等，可作调整。有的工程在招标或签约时，因某些不确定因素而在合同中暂定某些分部分项工程的单价，在工程结算时再根据实际情况和合同约定合同单价进行调整，确定实际结算单价。

> **特别提示**
>
> 可调单价合同中，承包人承担的风险相对较小，仅承担一定范围内的市场价格风险和工程量偏差对施工成本影响的风险。根据合同中约定的可调价格因素，发包人承担的风险较多。
>
> 可调单价合同的适用范围较广，适合工程性质比较明确、工程规模大、技术复杂、工期长，但工程量无法确定的项目。

3）成本加酬金合同

成本加酬金合同中，业主需承担项目实际发生的一切费用，因此也就承担了项目的全部风险。而承包单位由于无风险，其报酬往往也较低。这类合同的缺点是业主对工程总造价不易控制，承包商也往往不注意降低项目成本。

成本加酬金合同的主要适用范围：需要立即开展工作的项目，如震后的救灾工作；新型的工程项目，或对项目工程内容及技术经济指标未确定；风险很大的项目。

2. 选择合同类型的影响因素

1）项目规模和工期长短

如果项目的规模较小，工期较短，则合同类型的选择余地较大，总价合同、单价合同及成本加酬金合同都可选择。选择总价合同由于业主可以不承担风险，因此业主比较愿选用；对这类项目，承包人同意采用总价合同的可能性较大，因为这类项目风险小，不可预测因素少。

2）项目的竞争情况

如果在某一时期和某一地点，愿意承包某一项目的承包人较多，则业主拥有较多的主动权，可按照总价合同、单价合同、成本加酬金合同的顺序进行选择。如果愿意承包项目的承包人较少,则承包人拥有的主动权较多,可以尽量选择承包人愿意采用的合同类型。

3)项目的复杂程度

如果项目的复杂程度较高,则意味着:一是对承包人的技术水平要求高;二是项目的风险较大。因此,承包人对合同的选择有较大的主动权,总价合同被选用的可能性较小。如果项目的复杂程度低,则业主对合同类型的选择有较大的主动权。

4)项目单项工程的明确程度

如果单项工程的类别和工程量都已十分明确,则可选用的合同类型较多,总价合同、单价合同、成本加酬金合同都可以选择。如果单项工程的分类已详细而明确,但实际工程量与预计的工程量可能有较大出入时,则应优先选择单价合同,此时单价合同为最合理的合同类型。如果单项工程的分类和工程量都不甚明确,则无法采用单价合同。

5)项目准备时间的长短

项目的准备包括业主的准备工作和承包人的准备工作。对于不同的合同类型,他们分别需要的准备时间和费用不同。对于一些非常紧急的项目如抢险救灾等项目,给予业主和承包人的准备时间都非常短,因此,只能采用成本加酬金的合同形式。反之,则可采用单价或总价合同形式。

6)项目的外部环境因素

项目的外部环境因素包括:项目所在地区的政治局势、经济局势(如通货膨胀、经济发展速度等)、劳动力素质(当地)、交通、生活条件等。如果项目的外部环境恶劣,则意味着项目成本高、风险大、不可预测的因素多,承包商很难接受总价合同方式,而较适合采用成本加酬金合同。

6.3.2 施工合同风险管理

1. 施工合同风险管理的定义

施工合同风险是指在工程施工合同签订和履行过程中由于主客观原因引起的当事人可能遭遇的经济损失,即工程施工合同的不确定性。它是工程风险、业主资信风险、外界环境风险的集中反映和体现。

施工合同风险是不以人的意志为转移而客观存在的,是合同双方必须共同承担的。其客观存在是由其合同的特殊性,合同履行的长期性,以及合同履行的多样性、复杂性和建筑工程的特点决定的。

风险管理是人们对潜在的意外损失进行辨识、评估、预防和控制的过程,是用最低的费用把项目中可能发生的各种风险控制在最低限度的一种管理体系。

2. 施工合同风险的类别

根据合同主体的行为,建设工程合同风险可分为主观性合同风险和客观性合同风险。

合同的客观风险是法律法规、合同条件以及国际惯例规定的,其风险责任是合同双方无法回避的,通过人的主观努力往往无法控制。例如,合同规定承包商应承担的风险有:工程变更在合同金额15%以内的,承包商得不到任何补偿,这叫作工程变更风险;合同价格规定不予调整,则承包商必须承担全部风险,如果在一定范围内调整,则承担部分风险,这叫作市场价格风险;在索赔事件发生后的28天内,承包商必须提出索赔意向通知,否则索赔失效,这叫时效风险。

合同的主观性风险是人为因素引起的，同时能通过人为因素避免或控制的合同风险。在相当多的国内施工合同中，业主利用有利的竞争地位和起草合同条款的便利条件，在合同协议中通过苛刻的条件把风险隐含在合同条款中，让承包商就范。承包商急于承揽工程，在合同协议中对自身权利不敢据理力争，任其摆布。在合同谈判时只重视价格和工期，对其他条款不予注意，导致不平等的合同也愿意签，甚至有欺骗的合同也敢签，在合同签订上表现出极大的盲目性和随意性。

3. 施工合同风险管理的基本程序

1）风险识别

工程项目建设过程存在着风险，管理者的任务就是防范、化解与控制这些风险，使之对项目目标产生的负面影响最小。要做好风险的处置，首先就要了解风险，了解其产生的原因及后果，才能进行有效处置。风险识别是指找出影响项目安全、质量、进度、投资等目标顺利实现的主要风险，这既是项目风险管理的第一步，也是最重要的一步。这一阶段主要侧重于对风险的定性分析。风险识别应从风险分类、风险产生的原因入手。风险识别的步骤如下。

（1）项目状态的分析。项目状态的分析是指将项目原始状态与可能状态进行比较与分析的过程。项目原始状态是指项目立项、可行性研究及建设计划中的预想状态，是一种比较理想化的状态；可能状态则是基于现实、基于变化的一种估计。比较这两种状态下的项目目标值的变化，如果这种变化是恶化的，则为风险。

（2）对项目进行结构分解。通过对项目的结构分解，更易辨认存在风险的环节和子项。

（3）历史资料分析。通过对以往相似项目情况的历史资料分析，有助于识别目前项目的潜在风险。

（4）确认不确定性的客观存在。风险管理者不仅要辨识所发现或推测的因素是否存在不确定性，还要确认这种不确定性是客观存在的，只有符合这两个条件的因素才可以视作风险。

2）风险评估

风险评估是指采用科学的评估方法将辨识并经分类的风险进行评估，再根据其评估值大小予以排队分级，为有针对性、有重点地管理好风险提供科学依据。风险评估的对象是项目的所有风险，而非单个风险。风险评估可以有许多方法，如方差与变异系数分析法、层次分析法（AHP 法）、强制评分法及专家经验评估法等。

特别提示

经过风险评估，可将风险分级，如重大风险、一般风险、轻微风险、没有风险。对于重大风险，要进一步分析其原因和发生条件，采取严格的控制措施或将其转移，很难再关注成本；对于一般风险，要给予足够的重视，当采取化解措施时，则要较多地考虑成本费用因素；对于轻微风险，只需进行常规管理。

3）风险处置

风险处置是指根据风险评估以及风险分析的结果，采取相应的措施（制订并实施风险处置计划）。通过风险评估以及风险分析，可以知道项目发生各种风险的可能性及其危害程度，将此与公认的安全指标相比较，就可确定项目的风险等级，从而决定应采取什么样的措施。在实施风险处置计划时应随时将变化了的情况进行反馈,以便能及时地结合新的情况对项目风险进行预测、识别、评估和分析,并调整风险处置计划,实现风险的动态管理,使之能适应新的情况,尽量减少风险所导致的损失。

4. 常用的风险处置措施

常用的风险处置措施主要有四种。

1) 风险回避

风险回避是指在考虑到某项目的风险及其所致损失都很大时,主动放弃或终止该项目以避免与该项目相联系的风险及其所致损失的一种处置风险的方式。它是一种最彻底的风险处置技术,在风险事件发生之前将风险因素完全消除,从而完全消除了这些风险可能造成的各种损失。

2) 风险控制

对损失小、概率大的风险,可采取控制措施来降低风险发生的概率,当风险事件已经发生则尽可能降低风险事件的损失。为了控制工程项目的风险,首先要对实施项目的人员进行风险教育以增强其风险意识,同时采取相应的技术措施。

(1) 熟悉和掌握有关工程施工阶段的法律法规。涉及施工阶段的法律法规是保护工程发承包双方利益的法定根据。发承包双方只有熟悉和掌握这些法律法规,才能依据法律法规办事。如施工合同是否合法,业主的审批手续是否完备健全,合同是否需要公证和批准;若投资方的拟建工程所需手续不全,如无土地使用许可证或征地存在问题等,则施工企业在合同中要特别指明由此造成的后果及损失应由投资方负责。

(2) 深入研究和全面分析招标文件。承包商取得招标文件后,应当做深入研究和全面分析,吃透业主的意图和要求,全面分析投标人须知,详细勘察现场,审查图纸,复核工程量,分析合同条款,制订投标策略,以减少合同签订后的风险。

对有关的条款内容应予以足够重视:注意避免合同工期约定的风险,如开工时间约定以监理人发出的开工通知中载明的开工日期为准;合同约定按日计算逾期竣工违约金的,最好有封顶条款;对工期保证金的处罚约定要合理,避免逾期数日全额扣罚;要注意质量标准及竣工验收条款的风险防范;要注意工程款支付及结算条款的风险防范,约定结算款的支付要尽量明确具体时间,保修金条款应明确约定比例和支付时间。

(3) 签订完善的施工合同。承包商应组织专业的合同谈判人员再次仔细研究合同条款,并尽可能采用《建设工程施工合同(示范文本)》,依据通用条款,结合协议书和专用条款,逐条与发包人谈判。部分发包人提供的非示范文本合同往往条款不全、不完备、不具体,缺乏对业主权利的限制性条款和对承包商的保护性条款,要尽可能地修改完善。如合同约定"若发包人资金暂时不到位,可推迟付款。承包人应继续施工,不能拖延工期",对发包人推迟付款的期限约定不具体,一旦发生超过承包人预期的延期付款,承包人将面临较大的资金风险。

业主为了转嫁风险,单方面提出约束性的、过于苛刻的、权利与义务严重不平等的条款,即对业主责任的开脱条款,在合同中常表述为"业主对……不负任何责任",或"在……情况下,不得调整合同价款",或"在……情况下,一切损失由承包商自行承担"等。例如合同约定,业主对任何潜在的问题,如工期延误、施工缺陷、付款不及时等所引起的损失不负责;业主对招标文件中所提供的地质资料、试验数据、工程环境资料的准确性不负责;承包商对业主指定的分包商、材料供应商、设备供应商所提供的工程、材料、设备要进行精心检查、监督,否则由此造成的损失由承包商承担；业主对工程实施过程中发生的不可预见的风险不负责；业主对由于第三方干扰造成的工期延误不负责等。这样，合同将许多属于业主责任的风险转嫁给承包商，加大了承包商的风险责任。这就要求承包商对业主在何种情况下可以免除责任的条款应认真研究，切忌轻易接受业主的免责条款。否则，合同履行中业主就有可能引用法律障碍和合同依据为借口，对承包商的损失拒绝补偿，并应用免责条款对其拒绝付款推卸责任，承包商将会遭受重大经济损失。因此，对业主的风险责任条款一定要规定得具体明确。双方商讨的结果、作出的决定或对方的承诺，只有写入合同或双方签署文字意见才算确定。

（4）掌握要素市场价格动态。要素市场价格变动是经常遇到的风险。合同类型确定之后，发承包双方承担的价格变动风险就比较明确了，针对可调部分，必须在专用条款中明确价格的可调范围及调整方法。随时掌握要素市场的价格变化，及时按照合同约定调整价格，以减少风险。

如合同约定，"业主对因人工、材料、设备等价格波动引起的合同价格变动不予调整"，则承包商需要在投标报价阶段对市场价格走势进行预测，根据风险发生程度分析其可能增加的费用，分摊入报价中。而对于在单价合同中"工程变更引起合同价格增减不超过15%的，本项目合同单价不予调整"，则需要对招标文件的技术部分仔细研究，图纸内容不明确或有错误的项目，估计修改图纸后工程量增加的，其单价可以提高些；工程量可能减少的项目，其单价可以降低些。

（5）履行合同中加强工程风险控制。合同履行过程中的风险防范和控制非常重要，却易被承包方忽视，特别是施工过程中的签证、会议纪要、工程检验验收记录、往来函件、工程联系单等书面资料。对于一些涉及工程工期、工程量、竣工结算、工程索赔的签证资料，施工企业应当特别重视。

如有些施工企业认为，工程量追加了是事实，即使没有签证，业主也要付款。其实不然，《建设工程施工合同（示范文本）》通用条款10.4.2条规定："承包人应在收到变更指示后14天内，向监理人提交变更估价申请。"因此，即使业主确认了工程量追加，但如果施工企业不及时提出变更工程款的报告，最后很可能导致该工程款得不到认可，使施工方的权益受损。

风险控制是一种最积极、最有效的处置方式，它不仅能有效地减少项目由于风险事故所造成的损失，而且能使全社会的物质财富少受损失。

3）风险转移

对损失大、概率小的风险，可通过保险或合同条款将责任转移。风险转移是指借用合同或协议，在风险事件发生时将损失的一部分或全部转移到有相互经济利益关系的另一方。风险转移包括相互转移风险和向第三方转移风险。

（1）利用索赔制度，相互转移风险。对于预测到的工程项目风险，在谈判和签订施工合同时，采取双方合理分担的方法，这是最公平合理的方法。风险有不可预测的，不可能存在双方责、权、利绝对平衡的合同，因此，相互转移风险最有效的方法就是推行索赔制度。

在合同中应注重变更和索赔的条款的拟定，如对设计变更和其他变更的工程量的确定，以及对由此引发的工程价款的确定。

（2）向第三方转移风险。向第三方转移风险包括推行保险制度、担保制度和向分包商转移风险。保险和担保是风险转移最有效、最常用的方法，是工程合同履约风险管理的重要手段,也是符合国际惯例的做法。

保险是最重要的风险转嫁方式,是指通过购买保险的办法将风险转移给保险公司或保险机构。在合同中加入工程保险条款有利于减少客观风险如不可抗力等巨大灾难带来的损失。

通过转嫁方式处置风险,风险本身并没有减少,只是风险承担者发生了变化,因此转移出去的风险应尽可能让最有能力的承受者分担,否则就有可能给项目带来意外的损失。

4)风险保留

对损失小、概率小的风险留给自己承担,这种方法通常在下列情况下采用:处理风险的成本大于承担风险所付出的代价;预计某一风险造成的最大损失项目可以安全承担;当风险降低、风险控制、风险转移等风险控制方法均不可行时;没有识别出风险,错过了采取积极措施处置的时机。

从上述可看出风险保留有主动保留和被动保留之分。主动保留是指在对项目风险进行预测、识别、评估和分析的基础上,明确风险的性质及其后果,风险管理者认为主动承担某些风险比其他处置方式更好,于是筹措资金将这些风险保留,如前三种情况。被动保留则是指未能准确识别和评估风险及损失后果的情况下,被迫采取自身承担后果的风险处置方式。被动保留是一种被动的、无意识的处置方式,往往造成严重的后果,使项目遭受重大损失。被动保留是管理者应该力求避免的。

单 元 小 结

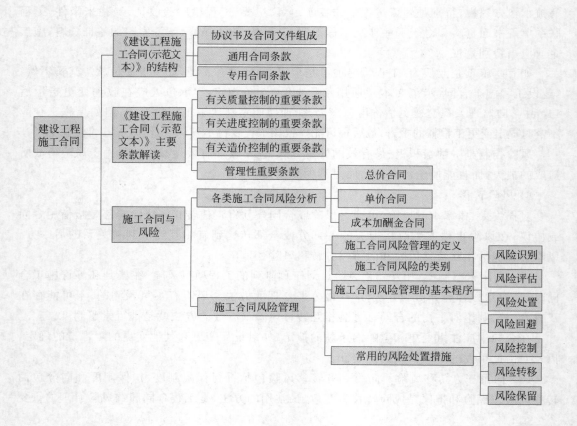

【学习笔记】

思考与练习

一、单项选择题

1. 中标通知书、合同协议书和图纸是施工合同文件的组成部分,就这三部分而言,如果在施工合同文件中出现不一致时,其优先解释顺序为(   )。

    A. 中标通知书、合同协议书、图纸　　　B. 合同协议书、中标通知书、图纸

    C. 合同协议书、图纸、中标通知书　　　D. 中标通知书、图纸、合同协议书

2. 当工程分包时,分包单位应对(   )负责。

    A. 建设单位　　　　　　　　　　　　　B. 总承包单位

    C. 监理单位　　　　　　　　　　　　　D. 质量监督部门

3. 下列关于工程分包的说法正确的是(   )。

    A. 施工总承包人不得将建设工程主体结构的施工分包给其他单位

    B. 工程分包后,总承包人不再对分包的工程承担任何责任

    C. 施工总承包人可以将承包工程中的专业工程自主分包给分包商

    D. 分包单位可以将其承包的建设工程再分包给其他单位

4. 在建设工程总承包合同中,属于发包人应当完成的工作是(   )。

    A. 使施工现场具备开工条件　　　　　　B. 指令承包人申请办理规划许可证

    C. 提供工程进度计划　　　　　　　　　D. 保护已完工程并承担损坏修复费用

5. 下列关于合同文件的表述,不正确的是(   )。

    A. 专用条款的内容比通用条款更明确、具体

    B. 合同文件中专用条款的解释优于通用条款

    C. 合同文件之间应能相互解释、互为说明

    D. 专用条款与通用条款是相对立的

6. 对承包商来说,采取下列(   )合同形式其承担的风险最小。

    A. 固定总价　　　　　　　　　　　　　B. 单价

    C. 调价总价　　　　　　　　　　　　　D. 成本加酬金

7. 就图纸、通用合同条款和已标价的工程量清单而言,优先解释的顺序是(   )。

    A. 已标价的工程量清单→通用合同条款→图纸

    B. 已标价的工程量清单→图纸→通用合同条款

    C. 通用合同条款→已标价的工程量清单→图纸

    D. 通用合同条款→图纸→已标价的工程量清单

8. 通用条款内以投标截止日前第 28 天定义为(   )作为划分该日后由于政策法规的变化或市场物价浮动对合同价格影响的责任。

    A. 基准日期　　　　　　　　　　　　　B. 下达开工令

    C. 合同签字日　　　　　　　　　　　　D. 风险事件发生日

9. 通用条款规定了基准日期,关于基准日期描述正确的是(   )。

    A. 承包人以基准日期后的市场价格编制工程报价

    B. 通用条款规定的基准日期指投标截止日前第 28 天

    C. 承包人以基准日的市场价格编制工程报价

D. 基准日期后,因法律法规变化发生合同约定以外的增减时,不调整合同价款

10. 某工程合同工期为 20 个月,承包人修改后的进度计划的竣工时间为第 22 个月,监理人认可了该进度计划的修改。承包人的实际施工期为 21 个月。下列关于承包人的工期责任的说法中,正确的是(　　　)。

  A. 提前工期 1 个月给予承包人奖励

  B. 延误工期 1 个月追究承包人拖期违约责任

  C. 对承包人既不追究拖期违约责任,也不给予奖励

  D. 因监理人对修改进度计划的认可,按延误工期 0.5 个月追究承包人违约责任

11. 缺陷责任期内工程运行期间出现的工程缺陷,(　　　)应负责修复,直到检验合格为止。

  A. 承包人　　　　　B. 发包人　　　　　C. 业主　　　　　D、责任人

12. 根据《建设工程施工合同(示范文本)》的规定,导致现场发生暂停施工的下列情形中,承包商在执行工程师暂停施工的指示后,可以要求发包人追加合同价款并顺延工期的不包括(　　　)。

  A. 施工作业方法可能危及邻近建筑物的安全

  B. 施工中遇到了与地质报告不一致的软弱层

  C. 发包人订购的设备不能按时到货

  D. 发包人未能按时移交后续施工的现场

13. 根据《建设工程施工合同(示范文本)》的规定,约定开工时间是(　　　)的义务。

  A. 发包人　　　　　　　　　　　B. 承包人

  C. 监理人　　　　　　　　　　　D. 政府相关部门

14. 根据《建设工程施工合同(示范文本)》的规定,合同工期自(　　　)起计算。

  A. 监理人下达开工通知之日　　　B. 实际开工之日

  C. 合同中约定的开工日　　　　　D. 开工通知中载明的开工日

15. 某施工合同协议书内注明的开工日期为 2 月 1 日。承包人因主要施工机械未到场向工程师递交了延期开工 1 周的申请,但未获得工程师批准。工程实际在 2 月 5 日开始动工。12 月 5 日,承包人在自检合格后提交了竣工验收报告,工程于 12 月 20 日通过了竣工验收。按照《建设工程施工合同(示范文本)》的规定,承包人的施工工期应为(　　　)。

  A. 自 2 月 1 日始,至 12 月 5 日止　　　B. 自 2 月 1 日始,至 12 月 20 日止

  C. 自 2 月 5 日始,至 12 月 5 日止　　　D. 自 2 月 5 日始,至 12 月 20 日止

二、多项选择题

1. 建设工程合同依据计价方式的不同主要有(　　　)。

  A. 分包合同　　　B. 总价合同　　　C. 单价合同

  D. 担保合同　　　E. 成本加酬金合同

2. 《建设工程施工合同(示范文本)》由(　　　)三部分组成。

  A. 协议书　　　B. 通用条款　　　C. 履约保函

  D. 专用条款　　　E. 银行保函

3. 下列关于建筑工程总承包合同的说法,正确的是(　　　)。

  A. 总承包单位可以按合同规定对工程项目进行分包和转包

    B. 建设工程总承包单位可以将承包工程中的部分工程发包给具有相应资质条件的分包单位

    C. 建设工程总承包合同订立后，发包人和承包人双方都应按合同的规定严格履行

    D. 建筑工程总承包单位按照总承包合同的约定对建设单位负责

    E. 总承包单位就分包工程对建设单位不承担责任

4. 依照《建设工程施工合同（示范文本）》通用条款规定，施工合同履行中，如果发包人出于某种考虑要求提前竣工，则发包人应（　　　）。

    A. 负责修改施工进度计划

    B. 向承包人直接发出提前竣工的指令

    C. 与承包人协商并签订提前竣工协议

    D. 为承包人提供赶工的便利条件

    E. 减少对工程质量的检测试验

5. 下列文件中，属于施工合同组成部分的有（　　　）。

    A. 合同协议书   B. 中标通知书

    C. 招标文件   D. 已标价的工程量清单

    E. 技术标准及要求

6. 固定总价合同适用于（　　　）的情况。

    A. 工程量小   B. 图纸完整   C. 工期短

    D. 工期长   E. 工程量大

7. 根据《建设工程施工合同（示范文本）》的规定，以下属于承包人的义务的有（　　　）。

    A. 施工现场的征用

    B. 施工现场内的交通道路

    C. 环境保护措施计划

    D. 编制施工实施计划

    E. 现场外的道路通行权

8. 根据《建设工程施工合同（示范文本）》的规定，合同进度计划的主要作用有（　　　）。

    A. 监理人控制合同进度的依据

    B. 监理人签认进度付款证书的依据

    C. 施工进度受到干扰后，监理人判定是否应顺延合同工期的依据

    D. 承包人编制分阶段和分项进度计划的基础

    E. 监理人确认承包人逾期违约的依据

9. 按照《建设工程施工合同（示范文本）》的规定，"合同工期"包括（　　　）。

    A. 承包人在投标函内承诺完成合同工程的时间期限

    B. 按照合同条款通过变更应给予顺延工期的时间

    C. 承包商原因导致的工期顺延

    D. 不可抗力导致的工期顺延

    E. 发包商原因导致的工期顺延

10. 在下列（　　　）情况下，工程师可以暂停施工。

  A. 地方法规要求在某一时间段内不允许施工

  B. 同时在现场的几个独立承包人之间出现施工交叉干扰

  C. 施工作业方法可能危及现场或毗邻地区建筑物或人身安全

  D. 发包人订购的设备已运抵施工现场

  E. 施工遇到了有考古价值的文物或古迹需要进行现场保护

三、简答题

1. 什么是工程预付款？

2. 竣工结算申请单包括哪些内容？

3. 运用单价合同要注意哪些问题？

4. 风险管理的基本策略是什么？

四、案例分析题

1. 某工程项目分为 A、B 两个单项工程，分别以公开招标的形式确定了中标单位并签订了施工合同。这两个单项工程在签订合同及施工过程中发生如下情况。

（1）A 工程在签订合同时，施工图纸设计未完成，业主即通过招标选择了一家总承包单位。由于设计未完成，承包范围内待实施的工程虽然性质明确，但工程量还难以确定，双方商定拟采用总价合同形式签订施工合同，以减少双方的风险。

合同条款中规定：

① 乙方按业主代表批准的施工组织设计（或施工方案）组织施工，乙方不承担因此引起的工期延误和费用增加的责任。

② 甲方向乙方提供场地的工程地质和地下主要管网线路资料，供乙方参考使用。

③ 乙方不能将工程转包，但允许分包，也允许分包单位将分包的工程再次分包给其他

施工单位。

(2) B工程合同额为9 000万元,总工期为30个月,工程分两期进行验收,第一期为18个月,第二期为12个月。在工程实际实施过程中,出现了下列情况。

① 工程进行到第10个月时,国务院有关部门发出通知,指令压缩国家基建投资,要求某些建设项目暂停施工。该综合娱乐城项目属于指令停工下马项目,因此业主向承包商提出暂时中止合同实施的通知。为此,承包商要求业主承担单方面中止合同给承包商造成的经济损失赔偿责任。

② 复工后在工程后期,工地遭到当地百年罕见的台风的袭击,工程被迫暂停施工,部分已完工程受损,现场场地遭到破坏,最终使工期拖延了2个月。为此,业主要求承包商承担工期拖延所造成的经济损失责任和赶工的责任。

问题:

(1) A单项工程合同中业主与施工单位选择总价合同形式是否妥当?合同条款中有哪些不妥之处?

(2) 施工合同按承包工程计价方式不同分为哪几类?

(3) B单项工程合同执行过程中出现的问题应如何处理?

2. 某房地产开发公司在北京开发建设一住宅项目,经过多次和设计单位沟通,在进行该工程招标前得到了详细的施工图纸;开发商在编制的招标文件中规定:各工程承包商在报价时要按照当期市场材料价格报价,对于工程施工需要的各种措施费用要考虑齐全,同时要考虑各种材料涨价等不利因素;开发商在招标文件中还明确本工程将采用图纸内容一次性包干的固定价格合同,图纸内所有的项目将不再考虑变更的经济费用。

问题:该工程采用固定价格合同是否合适?

单元 7 建设工程合同索赔管理

模块 7.1 建设工程施工索赔概述

7.1.1 索赔的概念

1. 建设工程施工索赔的概念

建设工程施工索赔是在工程合同履行过程中，合同当事人一方因对方不履行或未能正确履行合同或者由于其他非自身因素而遭受损失，按合同约定或法规规定应由对方承担责任，从而向对方提出经济或时间补偿要求的行为。

建设工程施工索赔是合同当事人之间一种正当的权利要求，是以法律和合同为依据的行为。在建筑工程合同履行过程中，当索赔事件发生以后，由于非承包人责任的原因引起的索赔，承包人向发包人索赔；由于承包人责任的原因引起的索赔，发包人向承包人索赔，所以建设工程施工索赔是双向的，合同的任何一方都有权利向对方提出索赔。而另一方根据事实，以合同为依据，反驳、反击或者防止对方提出的索赔，不让对方索赔成功或者全部成功的行为就是反索赔。通常情况下，按照规定的索赔程序，索赔是指承包商对非自身原因造成的工期延长、费用增加向业主要求补偿的行为。

> **特别提示**
>
> 索赔的要点：非己方的过错；索赔的损失已实际发生；有合同约定或法律、行政法规规定；凭索赔事件发生时的有关证据提出索赔；索赔是双向的。
>
> "索赔"两字很容易让人联想到仲裁、诉讼或双方激烈的对抗，因此，有些人认为"索赔"应当能免则免，担心因索赔而影响双方的合作或感情。实质上索赔是一种正当的权利或要求，是合情、合理、合法的行为，它是在正确履行合同的基础上争取合理的偿付。大部分索赔都可以通过协商谈判和调解等方式获得解决，只有在双方无法达成一致时，才提交仲裁或诉诸法院解决。

2. 建设工程施工索赔的起因

1）合同对方违约

对方违约通常表现在对方不履行或未正确履行合同义务与责任，主要包括非承包人违约和承包人违约。

非承包人违约主要表现在发包人违反合同给承包人造成时间、费用的损失，发包人延误支付期限等，监理人未按合同完成工作造成的时间、费用损失也视为发包人违约。

承包人违约主要表现在承包商未按合同要求实施工程，发生了损害业主权益或违约的情况，如没有按照合同约定的工期、质量完成施工，未按合同要求办理保险，无故不向分包商付款等。在建设工程实践中，承包商向业主提出索赔的较多。

2）合同错误

合同错误主要表现在合同条文不全，合同文件规定矛盾、错误或遗漏，设计图纸、技术规范错误等，由于工程师对合同文件的歧义解释、技术资料不确切造成了工期延长、费用增加，发包人应给予补偿。

3）合同变更

合同变更主要表现在设计变更、施工方法变更、发包人提出追加或者取消某些工作、提前完成项目或缩短工期、对合同规定以外的项目进行检验等。

4）工程环境变化

工程环境变化包括政策法律、物价变化、货币贬值、汇率变化、自然条件变化等。

5）不可抗力因素

不可抗力是指承包人和发包人在订立合同时不可预见，在工程施工过程中不能避免发生并不能克服的自然灾害和社会性突发事件，如地震、海啸、洪水、瘟疫、暴动、战争等，以及专用合同条款约定的其他情形。

3. 建设工程施工索赔的作用

建设工程施工索赔是合同法律效力的具体体现，是维护施工企业利益的正常途径，是增加企业经济效益的重要手段。施工索赔需要依据合同条款，正常进行索赔程序可以提高合同意识，按照合同约定履行双方义务，起到强化合同管理、保障合同实施的作用。索赔的进行可以将报价中的不可预见费改为按实际支付，以保障双方权益，使工程造价更为合理。

7.1.2　索赔的分类

建设工程施工索赔按照不同分类标准可以分为不同的类别。

1. 按索赔有关当事人分类

按索赔有关当事人可以将建设工程施工索赔分为承包人与发包人之间的索赔、承包人与分包人之间的索赔、承包人或发包人与供货商之间的索赔、承包人或发包人与保险人之间的索赔。

(1) 承包人与发包人之间的索赔。如业主违约、合同缺陷、工程师指令错误等造成的损失,承包人可向发包人索赔;承包人未按合同要求施工,未达到合同约定的工期或质量目标,发包人也可向承包人要求索赔。

(2) 承包人与分包人之间的索赔。分包人施工,工期或质量未达到合同要求,承包人可向分包人要求索赔;承包人要求增减工程量,拖延支付工程款造成分包人损失,分包人也可向承包人要求索赔。

(3) 承包人或发包人与供货商之间的索赔。这种索赔体现在商品买卖方面,如商品的质量不符合技术要求、商品运输损坏、延迟交货等。

(4) 承包人或发包人与保险人之间的索赔。这类索赔多是承包商受到灾害、事故或损失,根据保险合同向投保的保险公司索赔。

2. 按索赔的目的和要求分类

按索赔的目的和要求可以将建设工程施工索赔分为工期索赔和费用索赔。

(1) 工期索赔。由非承包人责任而导致承包商施工进程延误,承包商要求批准顺延合同工期的索赔,称为工期索赔。一般指承包人向发包人或者分包人向承包人要求延长工期。工期索赔形式上是对权利的要求,实质上是避免不能按原定合同竣工日期完工时,被发包人追究拖期违约责任。一旦获得批准,工期得到顺延后,承包人不仅免除了违约责任,不用承担违约赔偿费,而且可能工期提前并得到奖励。

(2) 费用索赔。索赔事件发生后,一般情况下,工期索赔和费用索赔同时发生。工期索赔的目的是要求时间补偿;费用索赔的目的是要求经济补偿,调整合同价格。

3. 按索赔事件性质分类

按索赔事件性质可以将建设工程施工索赔分为工期延期索赔、工期加速索赔、工程变更索赔、工程终止索赔、不可预见的外部故障或条件索赔、不可抗力引起的索赔和其他索赔。

(1) 工期延期索赔。由于发包人未按合同要求提供施工条件,未及时支付承包人工程款影响施工进度,或者发包人指令工程暂停或不可抗力事件等原因造成的工期拖延,承包人向发包人提出索赔;如果由于承包人原因导致工期拖延,发包人可以向承包人提出索赔;对于分包工程,由于非分包人的原因导致工期拖延,分包人可以向承包人提出索赔。

(2) 工期加速索赔。通常由于发包人或工程师指令承包人加快施工进度,缩短工期,引起承包人的人力、物力、财力的额外开支而提出的索赔;对于分包工程,承包人指令分包人加快进度,分包人可以向承包人提出索赔。

(3) 工程变更索赔。由于发包人或工程师指令增加或减少工程量或附加工程、修改设计、变更施工顺序等,造成工期延误和费用增加,承包人可向发包人提出索赔,对于分包工程,分包人也可以向承包人提出索赔。

（4）工程终止索赔。由于发包人违约或不可抗力事件等原因造成工程非正常终止,承包人和分包人蒙受经济损失而提出的索赔;由于承包人或分包人原因造成工程非正常终止,或者合同无法继续履行,发包人可以提出索赔。

（5）不可预见的外部故障或条件索赔。是指工程实施过程中,在施工现场遇到了一个有经验的承包商通常不能预见的外界障碍或不利施工条件,例如地质条件与业主提供的资料不同,出现未预见的溶洞、断层、地下水等,导致承包人损失,这类风险通常由发包人承担,承包商可以提出索赔。

（6）不可抗力引起的索赔。通常是指无法控制、不能避免、不能克服的特殊情况,包括地震、海啸、台风、洪水、战争、国家政策法律的变更等引起的索赔。

（7）其他索赔。如汇率贬值、汇率变化、物价变化等原因引起的索赔。

特别提示

《标准施工招标文件》规定了发生不可抗力的风险分担原则为:各自损失各自承担,工程损失发包人承担。在《建设工程工程量清单计价规范》(GB 50500—2013)中也有相关的规定。总结起来,因不可抗力事件导致的费用,发承包双方应按照以下原则分别承担并调整工程价款。

（1）永久工程包括已运至施工场地的材料和工程设备的损害,以及因工程损害造成的第三者人员伤亡和财产损失由发包人承担。

（2）承包人设备的损坏由承包人承担。

（3）发包人和承包人各自承担其人员伤亡和其他财产损失及其相关费用。

（4）承包人的停工损失由承包人承担,但停工期间,应监理人要求的照管工程和清理、修复工程的金额由发包人承担。

（5）不能按期竣工的,应合理延长工期,承包人不需支付逾期竣工违约金。

由不可抗力风险分担的原则可知,如果在施工期间不可抗力已经发生,承包人有权向发包人提出工期的索赔。由于不可抗力事件发生在施工开工之后,承包人应发包人要求处理不可抗力带来的后果时,这部分费用应计入合同价款。

【案例 7-1】 某工程建设项目,业主与施工单位按《建设工程施工合同（示范文本）》的约定签订了工程施工合同,工程未进行投保。在工程进入安装调试阶段后,由于雷电引发了一场火灾。在火灾结束后 24 小时内施工单位向项目监理机构通报了火灾损失情况:工程本身损失 150 万元;总价值 100 万元的待安装设备彻底报废;施工单位人员所需医疗费预计 15 万元,租赁的施工机械损坏赔偿 10 万元;其他单位临时停放在现场的一辆价值 25 万元的汽车被烧毁。另外,大火扑灭后施工单位停工 5 天,造成其他施工机械闲置损失 2 万元、工人窝工费用 0.5 万元,以及必要的管理保卫人员费用支出 1 万元,并预计工程所需清理、修复费用 200 万元。损失情况经项目监理机构审核属实。

【问题】 该索赔事件的责任应如何划分?

模块 7.2 建设工程施工索赔的程序及文件

7.2.1 索赔程序

根据合同约定,索赔是具有一定法定流程的。工程施工中,发包人向承包人,承包人向发包人,分包人向承包人都可以进行索赔,以下主要就承包人认为非承包人原因发生的事件造成了承包人的损失,向发包人提出索赔进行介绍,具体流程见图 7-1。

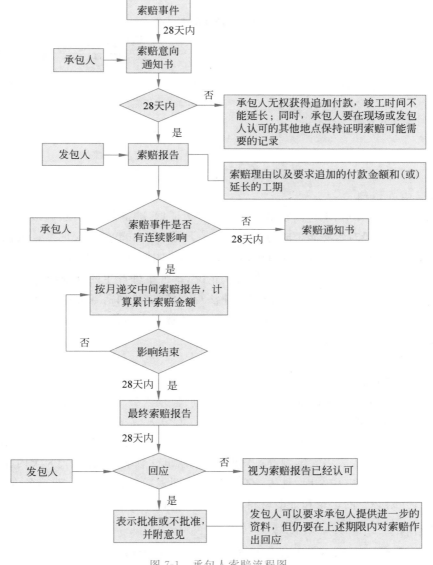

图 7-1 承包人索赔流程图

1. 索赔意向通知

在建设工程实施过程中,发生非承包人原因造成承包人时间或费用损失情况的,承包人向发包人提出索赔,首先应该提出索赔意向,即按照合同约定在索赔事件发生后 28 天内,以书面形式向监理工程师发出索赔意向通知,说明发生索赔事件的事由,向对方表明索赔愿望、要求或者声明保留索赔权利。承包人逾期未发出索赔意向通知书的,丧失索赔权利。

一般索赔意向通知仅仅是表明意向,应简明扼要,主要内容通常包括:

(1)索赔事件发生的时间、地点、简单事实情况描述和发展动态介绍。

(2)索赔的依据和原因。

(3)索赔事件对工期和成本造成的不利影响。

索赔意向通知书见表 7-1。

表 7-1 索赔意向通知书

工程名称: 　　　　　　　　　　　　　　　　　 编号:

致: _____ 　　根据《建设工程施工合同(示范文本)》第____条____的约定,由于发生了__事件,且该事件的发生非我方原因所致。为此,我方向_____(单位)提出索赔要求。 　　附件:索赔事件资料 　　　　　　　　　　　　　　　　　提出单位(盖章)_____ 　　　　　　　　　　　　　　　　　负责人(签字)_____

2. 索赔中间资料

提出索赔意向通知后,承包商索赔工作进入搜集证据、准备资料阶段,为最终提出索赔文件打下基础,这一阶段对索赔能否成功十分重要。凡是与索赔事件有关的文件或记录都应该及时收集整理,为索赔事件的处理提供确切的事实依据。搜集索赔中间资料工作主要包括:

(1)跟踪、调查、研究干扰事件,了解真实情况,掌握事件产生的详细经过。

(2)分析干扰事件产生的原因,依据法律法规、合同文件划清各方责任,确定索赔依据。

(3)调查分析与计算各方损失,确定工期索赔和费用索赔值。

(4)搜集证据,获得充分有效的各种证据。

(5)起草索赔文件。

3. 索赔文件的提交

承包人应在发出索赔意向通知书后 28 天内,向监理人提交一份详细的索赔文件和有关资料。如果索赔事件继续发生,具有连续影响的,承包人应按监理人要求的时间(一般为28 天)及时提交中间索赔报告,说明事件发展情况,为了防止扩大损失采取了何种措施,现在已经对成本与工期造成多大影响等。同时,在索赔事件影响结束后的 28 天内提交一份最终索赔报告,报告的内容应全面、具体、准确,详细说明索赔依据和要求,明确各方责任,合理计算索赔值,并附必要的记录和证明材料,否则将失去该事件的索赔权利。

特别提示

　　当索赔事件发生后,当事人应按规定时限及时进行索赔。若当事人未在索赔时限内提出索赔,其法律后果视不同情况处理如下。

（1）合同中不但约定了索赔时限，还约定了逾期索赔丧失权的，一方逾期提出索赔，不予支持。

（2）合同中仅约定了索赔时限，但未约定逾期索赔丧失索赔权的，一方逾期提出索赔，若其确有证据证实索赔时间的发生，可予以支持。

（3）合同一方在竣工结算后再提出索赔的，丧失索赔权。

4. 监理人审核索赔文件

承包人向发包人索赔，索赔文件应首先由工程师进行审核，这是业主授予工程师在合同范围内的审核权力，主要判定索赔事件是否成立，核查承包人的索赔计算是否正确合理。监理人可在授权范围内作出判断，对是否需要补充证据或修改索赔报告提出意见，初步确定补偿额度等。如果与承包商发生争议，应采取协商的方式处理索赔。监理工程师应在收到索赔报告后 14 天内完成审查并报送发包人。

接到索赔意向通知后，监理人应密切关注事件的影响，建立自己的索赔档案，提出意见，必要时还可以要求承包人进一步提供补充资料。

接到正式索赔报告以后，通过对合同实施的跟踪、分析了解事件经过、前因后果，掌握事件详细情况；认真研究承包人报送的索赔资料，客观分析事件发生的原因，进行责任分解，划分责任范围。依据合同条款划清责任界限，判断是否属于未履行合同规定义务或未正确履行合同义务导致，是否在合同规定的赔偿范围之内，剔除其中的不合理部分，核算索赔值，拟定合理的索赔款额和工期顺延天数。如果在索赔报告中提不出证明其索赔理由、索赔事件的影响、索赔值的计算等方面的详细资料，索赔要求是不能成立的。工程师认为证据不足以说明其要求的合理性时，可以要求承包人进一步提交索赔的证据资料。

监理人核查后初步确定应予以补偿的额度往往与承包人的索赔报告中要求的额度不一致，甚至差额较大。主要原因是对承担事件损害责任的界限划分不一致、索赔证据不充分、索赔计算的依据和方法分歧较大等，因此双方应就索赔的处理进行协商。

经过认真分析研究，监理人应该向发包人和承包人提出自己的索赔处理决定。在工程延期审批表和费用索赔审批表中应该简明地叙述索赔事项、理由和建议给予补偿的金额及延长的工期，论述承包人索赔的合理方面及不合理方面。批准给予补偿的款额和顺延工期的天数如果在授权范围之内，则可将此结果通知承包人，并抄送发包人。补偿款将计入下月支付工程进度款的支付证书内，顺延的工期加到原合同工期中；如果批准的额度超过工程师权限，则应报请发包人批准。

5. 发包人审查索赔文件

对于承包商提出的索赔报告和监理人的初步处理意见，发包人需要及时查验材料，根据事件发生的原因、责任范围、合同条款审核承包人的索赔申请和工程师的处理报告，再依据工程建设的目的、投资控制、竣工投产日期要求以及针对承包人在施工中的缺陷或违反合同规定等的有关情况，进行审查和批准，工程师才可以签发有关证书。发包人在监理人收到索赔通知书或有关索赔的进一步证明材料后的 28 天内，将索赔处理结果答复承包人，如果发包人逾期未予以答复或未对承包人作进一步要求，视为认可承包人的索赔要求。承包人接受索赔处理结果的，索赔款项可在当期进度款中进行支付；承包人不接受索赔处理结果的，三方可采取协商的方式达成一致，如果通过努力无法达成一致，则发包人与承包人可按合同约定的争议解决方式处理。

7.2.2　索赔文件的编制

索赔文件是承包人认为非承包人原因造成了自身损失，而向工程师（或业主）提交的一份要求业主按照法律法规或合同文件给予一定经济补偿和时间补偿的正式报告，形式和内容要简明扼要、条理清楚，计算依据要合理，计算结果要准确，措辞要恰当。一般来说，主要包括以下四方面。

1. 总述部分

总述部分简要阐述索赔事项并说明问题，一般包括以下三方面。

（1）概要论述索赔事项发生的日期、地点和过程。

（2）承包人为该索赔事项付出的努力和附加开支。

（3）承包人对费用与工期两方面具体的索赔要求。

在总述部分最后一般附上报告编写组主要成员和审核人员名单、职务、职称及施工经验，以显示该报告的权威性。

2. 论证部分

论证部分是索赔报告的关键部分，主要说明自己具有索赔权，是索赔能否成立的关键。主要包括以下内容：索赔事件的发生情况，索赔事件的发展、处理及最终的解决过程，以及为了防止扩大损失采取了何种措施，索赔意向书的递交情况，对应索赔事件重点明确索赔参考的法律法规、依据的合同条款文件及证据资料。要证明客观事件与损失之间的因果关系，说明索赔前因后果的关联性，使发包人和工程师充分认识此次索赔事件，认可其合理性与合法性。

3. 计算部分

如果索赔报告论证部分关键在于解决索赔权能否成立，计算部分的核心则是通过合理的计算方法解决自己应得多少经济补偿和时间补偿。前者定性，后者定量。计算部分包括费用索赔计算和工期索赔计算两方面。

特别提示

计算索赔费用时，承包人应根据索赔事件特点及掌握的证据资料情况选择合适的计算方法，计算每项开支；计算索赔工期时，首先需要分析判断索赔事件是否位于关键线路，以决定该延误是否可以索赔，一般情况下只考虑关键线路上的延误或者非关键线路因延误而变为关键线路时才给予顺延工期。

4. 证据部分

证据部分是承包商对索赔作出的解释，是支持其索赔成立强有力的材料，索赔证据作为索赔文件的组成部分，很大程度上关系到索赔能否成功。证据不全、不足或没有证据，索赔是很难获得成功的。

在建设工程实施过程中，有大量的工程文件和资料产生，这些信息很有可能是索赔的重要证据。因此，这就要求承包人注重记录、收集整理各方面的资料，建立科学的资料管理制度，责任到人，以便可以随时从中查找索赔事件相关的证明资料。要注意引用的每个证据的效力或可信程度，对重要的证据资料最好附以文字说明，或附以确认件。

常见的索赔证据包括以下几种。

（1）招标文件、合同文件，包括施工合同协议书及其附件、中标通知书、投标书、标准和技术规范、图纸、工程量清单、工程报价单或者预算书、有关技术资料和要求、施工过程中的补充协议等。

（2）工程各种往来信函、通知、指令、答复等。

（3）工程各种会谈纪要。

（4）发包人或者工程师批准的施工进度计划、施工方案、施工组织设计等。

（5）工程各项会议纪要。

（6）施工现场记录，包括设计交底、设计变更、发包人或者工程师签认的现场签证、洽商记录、施工日志、交接记录等。

（7）发包人或者工程师发布的各种书面指令，以及承包人的要求、请求、通知书等，如监理工程师通知、工程暂停令等。

（8）各种检验报告、技术鉴定报告。

（9）材料和机械设备的采购单、验收单、进场记录、试验记录、使用记录、合格证书等。

（10）现场水、电、道路等情况的详细记录。

（11）工程结算资料、财务报告、财务凭证、会计核算资料等。

（12）市场行情资料，包括市场价格、官方的物价指数、工资指数、中央银行的外汇比率等。

（13）工程有关照片和录像等。

（14）工程现场气象报告资料，如温度、风力、雨雪等。

（15）国家、省级或者行业建设行政主管部门颁布的各项法律法规、政策文件、规定要求等。

索赔报告的格式见表7-2。

表 7-2　索赔报告的格式

序号	索赔报告构成	一般内容
1	题目	如关于×××事件的索赔
2	事件	详细描述事件过程，双方信件交往、会谈，并指出对方应承担的责任或风险的证据等
3	理由	主要是法律依据、合同条款和工程惯例等
4	结论	损失或损害及其大小，提出索赔的具体要求
5	损失估价	列出损失费用的计算方法、计算基础等，并计算出损失费用的大小
6	详细计算书	列出计算依据及计算资料的合理性，包括损失费用、工期延长的计算基础、计算方法、计算公式及详细的计算过程
7	附录	各种证据、文件等

模块 7.3　建设工程施工索赔的分析与计算

7.3.1　索赔成立的条件

1. 索赔事件

索赔事件是指与合同规定不符，发生后引起工期和费用变化的各类事件，又称为干扰事件。一般情况下,承包商可以提出索赔的事件包括以下几种。

(1)发包人违约给承包人造成时间、费用的损失。

(2)工程变更(如设计变更,发包人、监理工程师提出的工程变更,以及承包人提出并经监理工程师批准的变更)造成时间、费用损失。

(3)监理工程师对合同文件的歧义解释、技术资料不确切造成时间、费用损失。

(4)不可抗力导致施工条件改变造成时间、费用的增加。

(5)发包人要求提前完工或缩短工期,造成承包人费用增加。

(6)发包人逾期付款造成承包人损失。

(7)对合同规定以外的项目进行检验,且检验合格,或非承包人的原因导致项目缺陷的修复所发生的损失或费用。

(8)非承包人原因造成工程暂时停工。

(9)国家法律法规、政策文件的变化或者物价上涨等。

发包人索赔事件见图 7-2,承包人索赔事件见图 7-3。

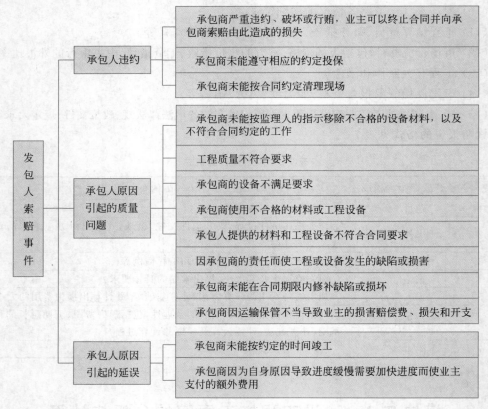

图 7-2 发包人索赔事件

2. 建设工程施工索赔成立的前提条件

建设工程施工索赔的成立应该同时具备以下条件。

(1)构成施工项目索赔条件的事件已经发生,与合同相对照,事件已经造成了承包人工程项目工期的延长,成本的额外支出或直接经济损失。

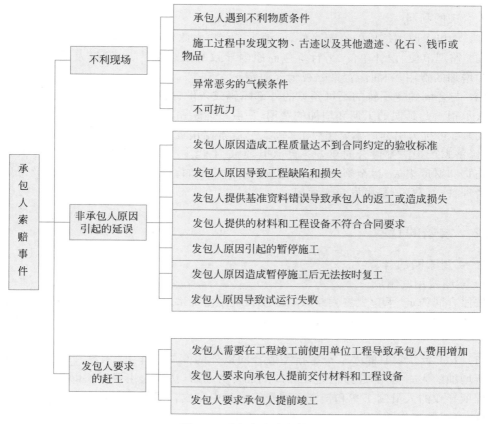

图 7-3 承包人索赔事件

（2）按合同约定，造成费用增加或工期延长的原因，不属于承包人的行为责任或风险责任。

（3）承包人已经按照合同规定的程序和时间向工程师提交了索赔意向通知和索赔报告。

以上三个前提条件必须同时满足，否则建设工程施工索赔不能成立。

3. 建设工程施工索赔依据

一般来说，建设工程施工索赔一般依据以下三方面。

1）合同文件

合同文件是索赔最重要的依据，主要包括合同协议书、中标通知书、投标文件及其附件、专用合同条款、通用合同条款、技术标准及规范要求、图纸、工程量清单、工程报价单或者预算书、施工过程中的补充协议等。

2）法律法规

国家的法律、行政法规，行业建设行政主管部门颁布的规定办法等都是索赔的依据，双方可在专用合同条款中明确。

3）工程建设惯例

工程建设惯例也可作为建设工程施工索赔的依据。

4. 建设工程施工索赔责任划分

建设工程施工索赔责任按照合同规定进行划分，对于合同未明确的一般可按以下方式处理。

（1）发包人原因造成的索赔事件，由发包人承担由此延误的工期和增加的费用，并支付承包人合理的利润。

（2）承包人原因造成的索赔事件，由承包人承担由此延误的工期和增加的费用。

（3）监理单位、设计单位、平行承包商原因导致的索赔事件，由发包人承担由此延误的工期和增加的费用，利润能否索赔视情况而定。

（4）与合同约定不符的不可预见的外部障碍或条件、法律政策改变导致的索赔事件，由发包人承担由此延误的工期和增加的费用，一般不能索赔利润。

（5）不可抗力引起的索赔事件，承包人只能索赔由此延误的工期，人员伤亡、机械设备损坏、经济财产损失都由合同双方各自承担，但是工程本身的损害、因工程损害导致第三方人员伤亡和财产损失、运至施工场地用于施工的材料和待安装的设备的损害以及工地现场所需清理、修复费用，都由发包人承担。

7.3.2 索赔的计算

1. 费用索赔的计算

1）索赔费用的组成

按照合同约定，承包人有索赔权利的工程费用增加都是可以进行索赔的，不同的索赔事件造成的费用增加，可索赔的内容并不完全一致。一般来说，索赔费用的组成包括以下几个部分。

（1）人工费。索赔的人工费是指完成合同以外的额外工作、非承包人原因的工作效率降低所增加的人工费用，超过法定工作时间加班劳动费，法定人工费增长以及非承包人责任工程延期导致的人员窝工费和工资上涨费等。其中完成合同以外额外工作的人工费按日计工计算，停工及工作效率降低的损失费按窝工费计算。

（2）材料费。索赔的材料费包括实际用量超过计划用量而增加的材料费、由于客观原因导致的材料价格大幅上涨，以及由于非承包人原因工程工期延长导致的材料价格上涨和超期储存费用。如果是承包人原因造成的材料损坏或失效，则不能提出索赔。所以，承包人应该建立健全的材料管理制度，做好材料进场记录、领料记录，以便在建设工程施工索赔过程中提供资料。

（3）施工机具使用费。索赔的施工机具使用费包括完成额外工作增加的机械使用费；由于非承包人原因导致工作效率降低增加的机械使用费；由于业主或监理工程师原因导致机械停工的窝工费。完成额外工作增加的机械使用费按机械台班费进行计算，计算窝工费时，当施工机具是企业自有时，按机械台班折旧费进行计算。当施工机具是外部租赁时，按设备租赁费进行计算。

（4）分包费用。分包费用索赔应列入总承包人的索赔费用总额范围之内，一般包括人工费、材料费、机械使用费的索赔。

（5）管理费。索赔的管理费分为现场管理费和总部（企业）管理费两部分。现场管理费主要包括承包人完成索赔事件增加工程内容以及工期延长期间的现场管理费，如管理人员工资、办公费、交通费、通信费等。总部管理费主要是指工程工期延长期间所增加的管理费，如总部职工工资、办公大楼、办公用品、财务管理、通信设施以及总部领导人员赴工地检查指导工作等开支。

（6）利息。发包人未按合同约定时间付款，应该支付延期付款的利息；发包人未正确进行扣款，应该支付错误扣款的利息。

（7）利润。不同的索赔事件，利润能否索赔也不同。一般来说，工程范围变更、资料有缺陷或技术性错误、业主未能提供现场等情况，承包人可以索赔利润。

【案例7-2】　某施工机械因业主原因造成停工10个台班，每一天安排1个台班。该机械台班费为800元/台班，第一类费用为580元/台班，折旧费为480元/台班，租赁费为820元/台班，该机械为租赁设备。

【问题】　可索赔费用为多少？

2）索赔费用的计算

索赔费用的计算方法包括实际费用法、总费用法和修正的总费用法等。

（1）实际费用法。实际费用法的计算原则是以承包人按照索赔事件造成的、超出原计划费用的实际开支为根据，向业主要求费用补偿。主要依据施工中实际发生的成本记录或单据，该方法是计算工程索赔时最常用的一种方法，要求施工方在工程施工过程中及时而准确地收集、整理资料，同时注意费用项不要遗漏，最后累计各项索赔值得到总的索赔费用。

（2）总费用法。发生多次索赔事件后，重新计算该工程的实际总费用，利用实际总费用减去投标报价时的估算总费用，得到索赔金额，该方法被称为总费用法。因为重新计算的实际总费用中可能包含承包人原因引起的费用增加，投标报价时的估算总费用也可能为了中标而过低，所以这种方法计算结果并不十分准确，一般只有在难以采用实际费用法时使用。

（3）修正的总费用法。修正的总费用法是在总费用法的基础上进行的改进，即在总费用计算方法上进行调整，去掉一些不合理的因素，使其更合理。如核算投标报价费用时，将计算时段局限于受到外界影响的时间，而不是整个施工过程；只计算受影响时段内某项工作的损失；无关费用不列入总费用等。

【案例7-3】　某国际工程合同额为5 000万元人民币，合同实施天数为300天。由国内某承包商总承包施工，该承包商同期总合同额为5亿元人民币，同期内公司的总管理费为1 500万元。因为业主修改设计，承包商要求工期延期30天。

【问题】　该工程项目部在施工索赔中总部管理费的索赔额是多少？

2. 工期索赔的计算

1）工期索赔的依据

按照合同约定，承包人由于非承包人原因造成的工期延误都可以提出工期索赔，依据主要包括以下内容。

（1）合同约定、双方认可的施工总进度规划、详细施工进度计划。

（2）双方认可的工期修改文件。

（3）施工日志。

（4）气象资料。

（5）业主或工程师的变更指令。

（6）影响工期的干扰事件以及受扰后实际工程进度等。

2）工期索赔的计算

按照工作性质，工程工期延误可以划分为关键线路延误和非关键线路延误。关键线路上工作的延误一定会造成总工期的延长，影响竣工日期，所以非承包人原因造成的工期延误都可以进行索赔。而非关键线路上的工作一般都存在机动时间，延误是否影响总工期取决于该工作总时差和延误时间的长短，当延误时间少于总时差时，不予以顺延工期；当延误时间大于总时差时，该工作就会转化为关键工作，可以对总时差与延误时间的差值提出工期索赔,予以顺延工期。

工期索赔的计算方法主要有直接法、比例分析法和网络分析法三种。

(1) 直接法。关键线路上的工作延误会直接导致总工期的延长,所以:

$$工期索赔值 = 索赔事件的实际延误时间$$

(2) 比例分析法。如果索赔事件仅仅对某单项工程、单位工程或分部分项工程的工期有影响,可以采用比例分析法,按工程量的比例计算工期索赔值:

$$工期索赔值 = 原合同总工期 \times \frac{新增工程量}{原合同工程量}$$

也可以按照造价的比例计算工期索赔值:

$$工期索赔值 = 原合同总工期 \times \frac{附加或新增工程造价}{原合同总价}$$

【案例 7-4】 某土方工程合同约定合同工期为 60 天,工程量增减超过 15% 时。承包商可提出变更。实施中因业主提供资料不实,导致工程量由 3 200 m³ 增加到 4 800 m³。

【问题】 承包商可索赔工期多少天?

(3) 网络分析法。网络分析法是一种利用工程网络计划分析关键线路,从而计算工期索赔值的计算方法,可以用于计算工程中一项或多项索赔事件共同作用引起的工期索赔。假设工程按照合同双方认可的网络计划确定的施工顺序、工作时间施工,索赔事件发生后,致使网络计划中某个工作或某些工作持续时间延长或开始时间推迟,从而影响总工期,则将索赔事件影响后新的持续时间和开始时间等代入网络计划中,重新计算得到的新总工期与原总工期之间的差值就是索赔事件对总工期的影响,也就是承包商可以提出的工期索赔值。

【案例 7-5】 业主与监理单位、施工单位针对某工程,分别签订了工程监理合同和工程施工合同。施工单位编制的进度计划符合合同工期要求,并得到了监理工程师批准。进度计划如图 7-4 所示。

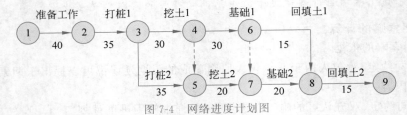

图 7-4 网络进度计划图

施工过程中,发生了如下事件。

事件一:由于施工方法不当,打桩 1 工程施工质量较差,补桩用去 20 万元,且打桩 1 作业时间由原来的 35 日延长到 45 日。

事件二:挖土 2 作业过程中,施工单位发现一个勘察报告未提及的大型暗浜,增加处理费用 2 万元,且作业时间由原来的 20 日增加到 25 日。

事件三:基础 2 施工完毕后,施工单位为了抢时间,自检之后马上进行回填土 2 施工。回填土 2 施工到一半时,监理工程师要求挖开重新检查基础 2 质量。

【问题】

(1) 计算网络计划总工期,并写出网络计划中的关键工作。

(2) 事件一、事件二发生后,施工单位可索赔的费用和工期各为多少? 说明理由。

(3) 事件三中,监理工程师要施工单位挖开回填土进行基础检查的理由是什么?

【案例7-6】　某建筑公司于 3 月 8 日与某建设单位签订了修建建筑面积为 3 000 m² 工业厂房(带地下室)的施工合同。该建筑公司编制的施工方案和进度计划已获监理工程师批准,施工进度计划已经达成一致意见。合同规定由于建设单位责任造成施工窝工时,窝工费用按原人工费、机械台班费 60% 计算。工程师应在收到索赔报告之日起 28 天内予以确认,工程师无正当理由不确认时,自索赔报告送达之日起 28 天后视为索赔已经被确认。根据双方商定,人工费定额为 60 元/工日,机械台班费为 1 000 元/台班。建筑公司在履行施工合同的过程中发生以下事件。

事件一:基坑开挖后发现地下情况和发包商提供的地质资料不符,有古河道,须将河道中的淤泥清除并对地基进行二次处理。为此业主以书面形式通知施工单位停工 10 天,窝工费用合计为 3 000 元。

事件二:5 月 18 日开始下罕见大暴雨,一直到 5 月 21 日才开始施工,造成 20 名工人窝工。

事件三:5 月 21 日用 30 个工日修复因大雨冲坏的永久道路,5 月 22 日恢复正常挖掘工作。

事件四:5 月 27 日因租赁的挖掘机大修,挖掘工作停工 2 天,造成人员窝工 10 个工日。

事件五:5 月 29 日因外部供电故障使工期延误 2 天,造成共计 20 人和 2 台班施工机械窝工。

事件六:在施工过程中,因业主提供的图纸存在问题,停工 3 天进行设计变更,造成窝工 60 个工日,机械窝工 9 个台班。

【问题】

(1) 分别说明事件一至事件六的工期延误和费用增加应由谁承担,并说明理由。如是建设单位的责任,应向承包单位补偿的工期和费用分别为多少?

(2) 建设单位应给予承包单位补偿的工期为多少天? 补偿费用为多少元?

单 元 小 结

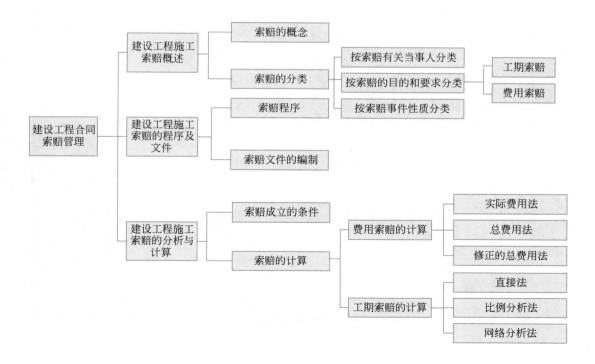

【学习笔记】

思考与练习

一、单项选择题

1.《建设工程施工合同(示范文本)》规定,监理人在收到承包人提交的索赔报告后的 28 天内未作出任何答复的,则该索赔应认为(　　)。

　　A. 已经批准　　　　　B. 被拒绝　　　　　C. 尚待批准　　　　　D. 已经被认可

2. 由于业主提供的设计图纸错误导致分包工程返工,为此分包商向承包商提出索赔, 承包商(　　)。

　　A. 因不属于自己的原因拒绝索赔要求

　　B. 认为要求合理,通知其向业主索要

　　C. 不予支付,以自己的名义向工程师提交索赔报告

　　D. 不予支付,以分包商的名义向工程师提交索赔报告

3. 施工中遇到连续 10 天超过合同约定等级的大暴雨天气而导致施工进度的延误,承 包商为此事件提出的索赔属于应(　　)。

　　A. 由承包商承担的风险责任　　　　　B. 给予费用补偿并顺延工期

　　C. 给予费用补偿但不顺延工期　　　　D. 给予工期顺延但不给予费用补偿

4. 下列事项中,承包方要求的费用索赔不成立的是(　　)。

　　A. 建设单位未及时供应施工图纸

　　B. 施工单位施工机械损坏

　　C. 业主原因要求暂停全部项目施工

　　D. 因设计变更而导致工程内容增加

5. 下列关于施工索赔的说法中错误的是(　　)。

　　A. 索赔是一种合法的正当权利要求,不是无理争利

　　B. 索赔是单向的

　　C. 索赔的依据是签订的合同和有关法律法规、规章

　　D. 在工程施工中,索赔的目的是补偿索赔方在工期和经济上的损失

6. 根据施工索赔的规定,可以认为索赔是指(　　)。

　　A. 只限承包商向业主索赔　　　　　　B. 业主无权向承包商索赔

　　C. 业主与承包商之间的双向索赔　　　D. 不包括承包商与分包商之间的索赔

7. 按照施工合同中索赔程序的规定,承包方受到不属于他应承担责任事件而受到损 害的,应在事件发生后 28 天内首先向监理人提交(　　)。

　　A. 索赔证据　　　　B. 索赔意向通知　　　C. 索赔依据　　　　D. 索赔报告

8. 下列(　　)能作为承包商的索赔证据。

　　A. 索赔事件发生时的口头协议

　　B. 在会议纪要中双方确认的商讨性意见

　　C. 有业主签名的有关电传

　　D. 未经监理工程师签署认可的电话记录

9. 在工程实施过程中发生索赔事件以后,承包人首先应(　　)。

　　A. 向建设主管部门报告

B. 向工程师发出书面索赔意向通知

C. 收集索赔证据并计算相应的经济和工期损失

D. 向工程师递交正式索赔报告

10. 某工程施工过程中,由于供货商提供的设备(施工单位采购)质量存在缺陷,导致返工并造成损失。施工单位应向(　　)索赔,以弥补自己的损失。

A. 业主　　　　　　　　　　　　　B. 工程师

C. 设备生产商　　　　　　　　　　D. 设备供货商

11. 当发生索赔事件时,对于承包商自有的施工机械,其费用索赔通常按照(　　)进行计算。

A. 台班折旧费　　　　　　　　　　B. 台班费

C. 设备使用费　　　　　　　　　　D. 进出场费用

二、多项选择题

1. 下列事件中,承包商可以向业主提出费用索赔的有(　　)。

A. 工程量发生变化,引起承包商费用的增加

B. 货币出现贬值,导致承包商实际费用的增加

C. 业主延期支付应付工程款,造成利润损失

D. 由于不可抗力,造成停工损失

E. 施工中出现了承包商难以预计的地下暗河,导致费用增加

2. 施工合同索赔的依据主要有(　　)。

A. 合同文件　　　　　　　　　　　B. 法律法规

C. 工程建设惯例　　　　　　　　　D. 气象报告和气象资料

E. 工程有关照片和录像

3. 索赔意向通知要简明扼要地说明(　　)等。

A. 索赔事由发生的时间、地点,简单事实情况描述

B. 索赔事件的发展动态

C. 索赔依据和理由

D. 索赔的最后期限

E. 索赔事件的不利影响

4. 建设工程索赔成立的前提条件有(　　)。

A. 与合同对照,事件已造成了承包人工程项目成本的额外支出或直接工期损失

B. 造成费用增加或工期损失额度巨大,超出了正常的承受范围

C. 索赔费用计算正确,并且容易分析

D. 造成费用增加或工期损失的原因,按合同约定不属于承包人的行为责任或风险责任

E. 承包人按合同规定的程序和时间提交索赔意向通知和索赔报告

5. 承包人向发包人提交的索赔报告,其内容包括(　　)。

A. 索赔意向通知　　B. 索赔证据　　　　C. 索赔事件总述

D. 索赔和理性论证　　　　　　　　　　E. 索赔款项(或工期)计算书

6. 索赔的材料费应包括(　　)。

A. 运输费　　　　　B. 仓储费　　　　　C. 试验费

D. 人工费　　　　　E. 合理的损耗费用

三、简答题

1. 索赔的概念是什么?

_____

_____

_____

_____

2. 索赔证据包括哪些资料?

_____

_____

_____

_____

四、案例分析题

1. 某建设单位有一宾馆大楼的装饰装修和设备安装工程,经公开招标投标确定了由某建筑装饰装修工程公司和设备安装公司承包工程施工,并签订了施工承包合同。合同价为 1 600 万元,工期为 130 日。合同规定:业主与承包方"每提前或延误工期一天,按合同价的 0.02% 进行奖罚";同时,"石材及主要设备由业主提供,其他材料由承包方采购"。施工方与石材厂商签订了石材购销合同,业主经与设计方商定,对主要装饰石料指定了材质、颜色和样品。

施工进行到 22 日时,由于设计变更,造成工程停工 9 日,施工方 8 日内提出了索赔意向通知。施工进行到 36 日时,因业主方挑选确定石材,使部分工程停工累计达 16 日(均位于关键线路上),施工方 10 日内提出了索赔意向通知。施工进行到 52 日时,业主方挑选确定的石材送达现场,进场验收时发现该批石材大部分不符合质量要求,监理工程师通知承包方该批石材不得使用。承包方要求将不符合要求的石材退换,因此延误工期 5 日。石材厂商要求承包方支付退货运费,承包方拒绝。工程结算时,承包方因此向业主方要求索赔。施工进行到 73 日时,该地遭受罕见暴风雨袭击,施工无法进行,延误工期 2 日,施工方 5 日内提出了索赔意向通知。施工进行到 137 日时,施工方因人员调配原因,延误工期 3 日,最后工程在 152 日后竣工。工程结算时,施工方向业主方提出了索赔报告并附索赔有关的材料和证据,各项索赔要求如下。

(1) 工期索赔

① 因设计变更造成工程停工,索赔工期 9 日。

② 因业主方挑选确定石材造成工程停工,索赔工期 16 日。

③ 因石材退换造成工程停工,索赔工期 5 日。

④ 因遭受罕见暴风雨袭击造成工程停工,索赔工期 2 日。

⑤ 因施工方人员调配造成工程停工,索赔工期 3 日。

（2）经济索赔

$$35 \times 1\,600 \ 万元 \times 0.02\% = 11.2 \ 万元$$

（3）工期奖励

$$13 \times 1\,600 \ 万元 \times 0.02\% = 4.16 \ 万元$$

问题：

（1）哪些索赔要求能够成立？哪些不能成立？为什么？

_____

_____

_____

（2）上述工期延误索赔中，哪些应由业主方承担？哪些应由施工方承担？

_____

_____

_____

（3）施工方应获得的工期补偿和经济补偿各为多少？工期奖励应为多少？

_____

_____

_____

_____

（4）不可抗力发生风险承担的原则是什么？

_____

_____

2. 某项目部承接一项直径为 4.8m 的隧道工程，起始里程为 DK10＋100，终点里程为 DK10＋868，环宽为 1.2m，采用土压平衡盾构施工。盾构隧道穿越地层主要为淤泥质黏土和粉砂土，项目施工过程中发生了以下事件。

事件一：盾构始发时，发现洞门处地质情况与勘察报告不符，需改变加固形式，加固施工造成工期延误 10 天，增加费用 30 万元。

事件二：盾构侧面下穿一座房屋后，由于项目部设定的盾构土仓压力过低，造成房屋最大沉降达到 50mm。穿越后房屋沉降继续发展，项目部采用二次注浆进行控制。最终房屋出现裂缝，维修费用为 40 万元。

事件三：随着盾构逐渐进入全断面粉砂地层，出现掘进速度明显下降现象，并且刀盘扭矩和总推力逐渐增大，最终停止盾构推进。经分析为粉砂流塑性过差引起，项目部对粉砂采取改良措施后继续推进，造成工期延误 5 天，费用增加 25 万元。

区间隧道贯通后计算出平均推进速度为 8 环/天。

问题：事件一至事件三中，项目部可索赔的工期和费用各是多少？请说明理由。

_____

_____

_____

_____

参 考 文 献

［1］刘旭灵,陈博.建设工程招投标与合同管理［M］.长沙:中南大学出版社,2018.

［2］李志生.《中华人民共和国招标投标法实施条例》解读与案例剖析［M］.北京:中国建筑工业出版社,2014.

［3］全国二级建造师执业资格考试用书编写委员会.建设工程项目管理(全国二级建造师执业资格考试用书)［M］.北京:中国建筑工业出版社,2019.

［4］田恒久.建设工程招投标与合同管理［M］.北京:中国电力出版社,2015.

［5］柯洪,刘一格,刘秀娜.建设工程施工招投标与合同管理［M］.北京:中国建材工业出版社,2013.

［6］林孟洁,刘孟良,刘怀伟.建设工程招投标与合同管理［M］.长沙:中南大学出版社,2013.

［7］钟汉华,姜泓列,吴军.建设工程招投标与合同管理［M］.北京:机械工业出版社,2017.